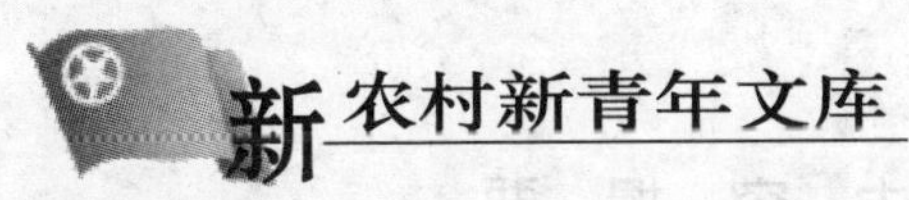

新农村新青年文库

奶牛高产饲养实用技术手册

共青团中央青农部 组编

昝林森 主编

中国农业出版社

农村读物出版社

内 容 提 要

牛奶已日益成为人们膳食结构的重要组成部分，因而全面促进奶牛业朝优质高效方向发展就显得尤为重要。为了全面推广普及高产奶牛的饲养技术，作者在吸收目前国内、外相关先进技术的基础上，紧紧围绕奶牛高产这一重要环节，重点对奶牛良种、奶牛繁育、饲料调制技术、标准化小区建设与管理、奶牛的饲养管理、奶牛常见疾病、集中挤奶等各个方面的技术环节进行了详细的介绍。

荷斯坦牛（公）

荷斯坦牛（母）

娟姗牛（公）

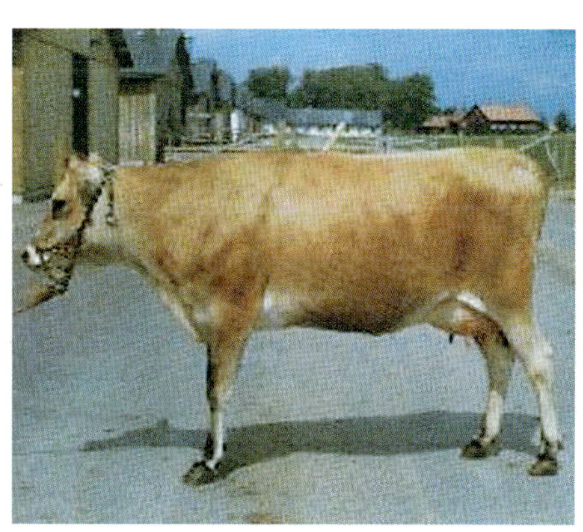

娟姗牛（母）

西门塔尔牛（公）

西门塔尔牛（母）

丹麦红牛（公）

丹麦红牛（母）

三河牛（公）

三河牛（母）

草原红牛（公）

草原红牛（母）

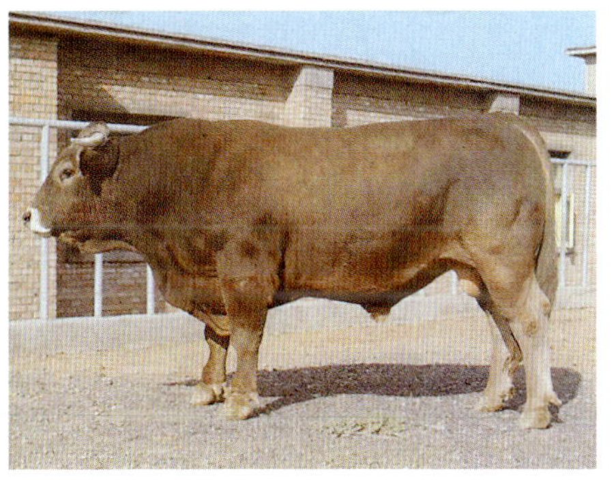

新疆褐牛（公）

新疆褐牛（母）

集约化饲养

运动场卧栏

犊牛岛

挤奶大厅

青贮饲料制作现场

压实青贮料

乳房水肿牛

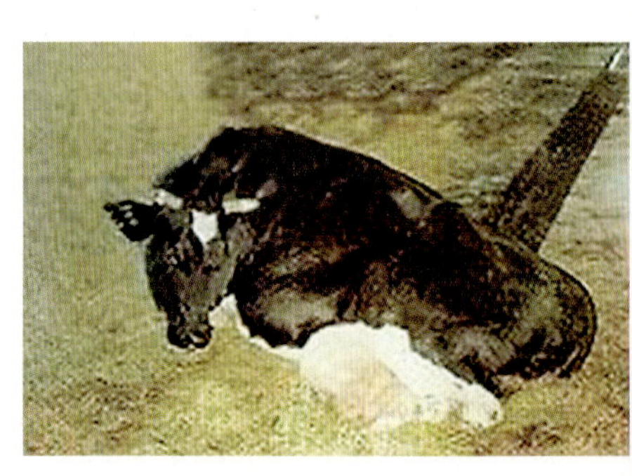

产后瘫痪

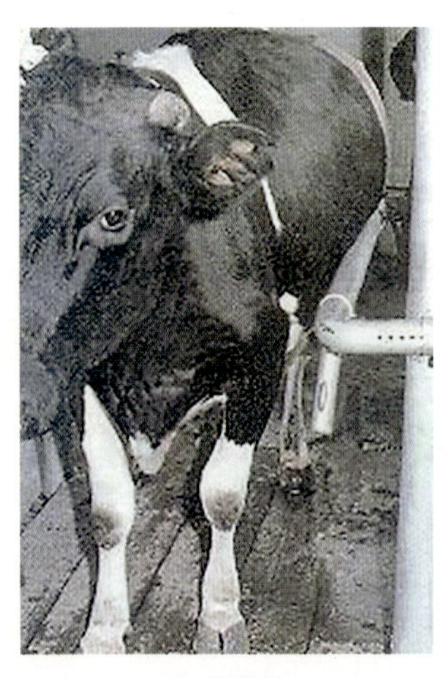

瘤胃臌气

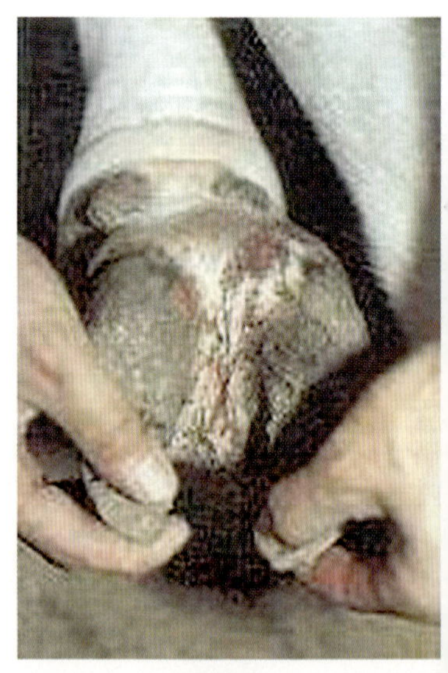

腐蹄病

《新农村新青年文库》编委会

主　编　昝林森
副主编　李长安　林　清
参　编　梁宏伟　田万强
任建存　张佳兰

丛书前言

党中央从全面落实科学发展观、构建社会主义和谐社会的战略高度，提出了建设社会主义新农村的重大战略举措，为我国新农村建设勾画了美好蓝图。伟大的时代成就非凡的事业，美好的前程激励不懈的追求。建设社会主义新农村，为广大农村青年发挥聪明才智、实现人生理想提供了广阔舞台和难得机遇。要在新的时代中建功立业，广大农村青年就必须着力提高文化科技素质，切实增长就业创业技能，积极培养市场经营能力，努力成为“有文化、懂技术、会经营”的新一代农村青年，这也是社会主义新农村建设和构建社会主义和谐社会的基础工程和重要任务。

竭诚服务青年是共青团一切工作的出发点和落脚点。努力服务广大农村青年实现增产增收、成长成才，关系当前，牵动长远。当前，共青团中央正全力实施“青春建功新农村行动”，重点推进服务农村青年转移就业创业、农村青年中心建设和乡村青年文化建设等工作，对引导农村青年积极服务社会主义新农村建设提出了具体要求，推出了具体举措，取得了阶段性良好效果。为进一步满足广大农村青年日益增长的生产生活和学习成才的迫切需求，共青团中央青农部以“关注焦点、瞄准致富点、找准需求点、抓住热点、切入视点”为原则，编辑出版“十一五”国家重点图书——《新农村新青年文库》，包括和谐家园、发展生产、劳动力转移、科普宣传、文化教育、自主创业、小康生活、生态环保等八方面内容的100本书。冀此服务和帮助广大农村青年进一步丰富知识，开阔视野，增长才干，带头倡树文明健康积极向上的时代新风尚，踊跃投身社会主义新农村建设和社会主义和谐社会建设，为全面建设小康社会，为实现中华民族的伟大复兴，奉献青春、智慧和力量，努力谱写出新一代“我们村里的年轻人”的奋斗之歌。

前　言

新时期农村产业结构调整的重点是发展优质高效畜牧业，而奶牛业首当其冲。尤其是加入世界贸易组织（WTO）以后，我国奶牛业生产迎来了新的机遇和挑战。

牛奶含有丰富的氨基酸、维生素、矿物质、蛋白质、脂肪、乳糖等营养成分，以其营养丰富 、易消化吸收等特点倍受消费者的青睐。随着人们膳食营养科学知识的日益普及，以及人民生活水平的不断提高，牛奶的消费群体正在迅速扩大。目前，我国奶牛业总体水平还比较低，良种率低、饲养管理落后、疾病防治体系不健全等等，都是制约奶牛业升级换代的主要“瓶颈”。

为了全面推广普及高产奶牛的饲养技术，我们在吸收目前国内外相关先进技术的基础上，编写了本实用技术手册。本手册紧紧围绕奶牛高产这一重要环节，内容包括奶牛良种、奶牛繁育、饲料调制技术、标准化小区建设与管理、奶牛的饲养管理、奶牛常见疾病及集中挤奶等。本书科学性与实用性兼备，文图并茂。不仅适用于从事奶牛业的广大技术人员和专业人员参考，而且也适用于众多的奶牛养殖人员阅读。

本书的编写出版得到了国家“十五”科技攻关计划奶业重大专项（2002BA518A17）的支持。

文中如有不妥之处，恳请读者批评指正。

编 者

目 录

丛书前言
前言

一、奶牛良种及鉴定……1
（一）良种简介……1
（二）奶牛的鉴别方法……10
二、奶牛的繁育……24
（一）奶牛的育种方法……24
（二）奶牛的繁殖……37
三、饲料调制技术……51
（一）青贮饲料……51
（二）氨化饲料的制作……56
（三）精饲料配制……58
（四）全混合日粮（TMR）饲养技术……63
四、标准化小区建设与管理……75
（一）建设奶牛养殖小区的优越性……75
（二）小区设计和建设应遵循的原则……77
（三）小区建设……78
（四）奶站小区建设……81
（五）奶牛小区发展模式……85
（六）奶牛养殖小区管理……86
五、饲养管理……88
（一）后备牛的饲养管理……88

（二）泌乳牛的饲养管理 …………………………………… 102
（三）干乳牛的饲养管理 …………………………………… 116
六、奶牛疾病防治 …………………………………………… 121
（一）奶牛疾病的预防措施 ………………………………… 121
（二）常见内科病防治 ……………………………………… 123
（三）常见代谢性疾病和蹄病防治 ………………………… 137
（四）常见产科病防治 ……………………………………… 143
（五）常见乳腺疾病防治 …………………………………… 156
七、奶牛泌乳与挤奶 ………………………………………… 164
（一）乳腺的生理特点 ……………………………………… 164
（二）乳的分泌与排出 ……………………………………… 166
（三）科学挤奶技术 ………………………………………… 168
（四）牛奶生产过程中的危害分析和关键控制点（HACCP） …… 184

一、奶牛良种及鉴定

（一）良种简介

1. 乳用品种

（1）荷斯坦牛（Holstein—Friesian）。荷斯坦牛又称荷斯坦—弗里生牛，简称荷斯坦牛或弗里生牛，为世界著名的奶牛品种。因其毛色为黑白相间、界限分明的花片，故称作黑白花牛。

荷斯坦牛被各国引入后，又经长期选育或同本国牛杂交而育成适应当地环境条件、各具特点的荷斯坦牛，有的被冠以本国名称，如美国荷斯坦、中国荷斯坦等；有的仍以原产地命名。

目前世界上的荷斯坦牛，由于各国对其选育方向不同，牛群状况各有其特点，荷斯坦牛的群体平均产奶量和个体最高产奶量都为各种奶牛品种之冠，最具代表性的是：乳用型的美国荷斯坦牛和乳肉兼用的荷兰及欧洲地区国家的荷斯坦牛。

①乳用型荷斯坦牛　美国、加拿大、日本和澳大利亚等国的荷斯坦牛都属于此类。

外貌特征　该牛具有典型的乳用型牛外貌特征，成年母牛体型呈（三个）三角形，后躯发达；乳静脉粗大而多弯曲，乳房特大，发达且结构良好；体格高大，结构匀称，皮下脂肪少，被毛细短；毛色特点为界限分明的黑白花片，额部多有白星（白流星或广流星），四肢下部、腹下和尾帚为白色毛。

乳用荷斯坦成年公牛体重 900～1 200 千克，母牛 650～750 千克，犊牛初生重 38～50 千克，公牛平均体高为 145 厘米，平均体长为 190 厘米，胸围 206 厘米，管围 23 厘米；母牛依次为 135 厘米，170 厘米，195 厘米和 19 厘米。

生产性能　乳用型荷斯坦牛的泌乳性能为各乳牛品种之冠。母牛平均年产奶 7 500～8 500 千克，乳脂率为 3.5%～3.8%，乳蛋白率 3.30%。1980 年美国加州露安农场 439 头母牛，年平均产奶量达 10 790 千克，乳脂率 3.5%，为美国产奶量最高的荷斯坦牛群。美国一头荷斯坦母牛 365 天产奶量达32 375.5千克，创一个泌乳期个体产奶量世界最高记录。另一头母牛终生产奶量为 189 000 千克，平均乳脂率为 3.14%，总泌乳日为 4 796 天。

杂交改良效果　目前，不少国家都从北美引进乳用型荷斯坦牛冷冻精液或购入种公牛，来改良本国荷斯坦牛的性能，效果均较好。

②兼用型荷斯坦牛　兼用型荷斯坦牛是指以荷兰本土荷斯坦牛群为代表的许多欧洲国家荷斯坦牛。

外貌特征　兼用型荷斯坦牛体格偏小，体躯宽深，略呈矩形，乳房发育良好；鬐甲宽厚，胸宽且深，背腰宽平，尻部方正，发育尤好，四肢短而开张，肢势端正。其体重比乳用型小，公牛一般体重 900～1 100 千克，母牛 550～700 千克，犊牛初生重一般为 35～45 千克。

兼用型荷斯坦牛全身肌肉较乳用型丰满，体格较矮，母牛平均体高 120 厘米，体长 150 厘米，胸围平均为 197 厘米。

生产性能　该型荷斯坦牛的平均产奶量比乳用型荷斯坦牛低。据荷兰 1995—1996 年统计，75.5 万头 305 天平均产奶量为 7 705 千克，乳脂率为 4.41%，乳蛋白率为 3.47%，乳脂量为 340 千克，乳蛋白为 267 千克。

兼用型荷斯坦牛的肉用性能较好。经肥育的公牛，500 日龄平均活重为 556 千克，屠宰率为 62.8%，第 8～9 肋眼肌面积为 60 厘米^2，产肉性能据德国测定，接近西门塔尔牛的生产水平。

该牛在肉用方面的一个显著特点是肥育期日增重高。据丹麦1967—1970年测定517头荷斯坦小公牛，平均日增重为1 195克，淘汰的母牛经100～150天肥育后屠宰，其平均日增重900～1 000克，表现出较高的增重强度。

③中国荷斯坦牛　中国荷斯坦牛是纯种荷兰牛与本地母牛的高代杂种，历经100多年选育而成的。1992年农业部颁布改名为“中国荷斯坦牛”，也是我国惟一的乳用牛品种。目前在全国均有分布，且已有了国家标准，分北方型和南方型两种，质量在不断提高。

外貌特征　该型牛毛色同乳用型。由于受各地基础母牛（杂交开始时的本地牛）不一致及引入的荷斯坦种公牛来源不同的影响，加之培育条件各地有别，致使该品种在培育过程中出现了大、中、小三种体格类型，其成年母牛体高平均值依次是136厘米以上、133厘米以上和130厘米左右。随着培育条件的改善和选择的加强，各类群的差异在逐渐缩小或趋向一致。

据中国奶牛协会调查（1981），28个省、市部分成年牛的体尺、体重数值如表1-1所示。

表1-1　中国荷斯坦牛体尺体重

单位：cm，kg

性别	体高	胸围	体重
公	150.4	233.8	1 020.0
母	133.0	197.2	575.0

生产性能　据中国奶牛协会统计，1981年各泌乳期（305天）平均产奶量为5 333.9千克，乳脂率为3.4%。随着近年来饲养管理条件的不断改善，各地良种场的不少牛群，年平均产奶量早已超过6 000千克，重点育种场的牛群，其年平均产奶量已达7 000千克以上，甚至有些个体年产量达到10 000千克。

杂交改良效果　荷斯坦牛同我国本地黄牛杂交，效果一般表现良好，其后代乳用体型得到改善，体格增大，产奶性能亦大幅度提高。

(2) 娟姗牛 (Jersey)。

①原产地及分布　娟姗牛是英国最古老的奶牛品种，因原产地为英吉利海峡的娟姗岛而得名。

该品种牛早在18世纪已闻名于世，19世纪引入欧美各国，曾陆续输入我国各大城市，对南方气候较能适应，但目前已无纯种，国外其数量也日趋减少。

②外貌特征　娟姗牛体格较小，具有典型的乳用体型。头小而轻，额宽略凹陷，颜面部亦稍凹陷，眼凸出有神。角中等长，呈琥珀色。颈薄而有皱褶，胸深而宽，背腰平直，后躯发育好，乳房容积大而匀称，乳头略小。皮薄，骨骼细，被毛细短而有光泽，毛色为棕黄色、浅褐及深褐色。四肢和体躯下部近似黑色，有的个体呈白色。鼻镜近似黑色，嘴、眼周围有浅色毛环。尾帚呈黑色。

该牛成年体重，公牛平均为650～750千克，母牛为360～450千克；犊牛初生重为23～27千克；成年母牛体高120～122厘米，胸深64～65厘米，管围为15.5～17厘米。英国的该种牛体格较小，而美国的较大。

③生产性能　娟姗牛平均产奶量为3 000～4 000千克，含脂率5%～7%，为世界乳牛品种中乳脂产量最高的一种；乳蛋白率为3.7%～4.4%。丹麦1986年有产奶记录的10.3万头娟姗母牛平均产奶量为4 676千克，含脂率6.25%，乳蛋白率4.0%；1989—1990年相应为4 954千克、6.37%和3.99%。

④杂交改良效果　娟姗牛成熟较早，初次配种年龄为15～18月龄，耐热，乳脂率高。世界上不少国家引入后，除进行纯种繁育外，用该品种同乳脂率低的品种进行杂交改良当地乳牛的含脂率，都取得了良好效果。

(3) 其他乳用品种。

其他乳用牛品种简况见表1-2。

表 1-2 其他乳用牛品种简况

品种名称	原产地	外 貌 特 征	生 产 性 能
更赛牛 (Guernsey)	英国更赛岛	头小额窄，角较长，向上方弯，颈长而薄，体躯较宽深，后躯发育好，乳房发达；毛色以浅黄为主，也有浅褐个体，额、腹下、四肢、尾帚多为白毛；鼻镜淡红色	平均产乳量 3 500～4 500 千克；含脂率平均 4.48～4.86%；最高个体年泌乳 14 578 千克，含脂率 4.4%（美国）。成年体重：公 750 千克，母 500 千克
爱尔夏牛 (Ayrshire)	英国爱尔郡	体格中等，结构匀称，额稍短，角细长，且由基部渐向外上方弯曲；角色白，尖黑色，颈垂皮小，胸深较窄，关节粗壮；乳房匀称，乳头中等长，毛色红，白花，鼻镜、眼圈浅红色，尾帚白色	平均产乳量 4 000～5 000 千克；含脂率 4.0%～5.0%；早熟，耐苦，适应性好，成年体重平均：公牛 800 千克，母牛 550 千克
安格勒牛 (Angler)	德国北部平原和中部浅山区	头小，角细，颈长而薄，垂皮小，鬐甲隆起；背长，后躯较差，有屋背尻者；骨细，全身肌肉发达；被毛红色，乳房部有白斑，尾帚黑白毛混生	平均乳量 5 100 千克，含脂率 4.72%（305 天）；活重：成年公牛 1 000 千克，母牛 550～600 千克；近年向乳肉兼用型选育

2. 兼用品种。

（1）西门塔尔牛（Simmental）。

①原产地及分布　西门塔尔牛原产于瑞士西部的阿尔卑斯山区，主要产地为西门塔尔平和萨能平原。在法、德、奥等国边邻地区也有分布。西门塔尔牛占瑞士全国牛只的 50%，奥地利占 63%，前西德占 39%，现已分布到很多国家，成为世界上分布最广、数量最多的乳、肉、役兼用品种之一。

②外貌特征　该牛毛色为黄白花或淡红白花，头、胸、腹下、四肢及尾帚多为白色，皮肤为粉红色，头较长，面宽；角较细而向外上方弯曲，尖端稍向上。中等颈长；体躯长，呈圆筒状，肌肉丰满；前躯较后躯发育好，胸深，尻宽平，四肢结实，大腿肌肉发达；乳房发育好，成年公牛体重平均为 1 000～1 300 千克，母牛 650～800 千克。

③生产性能　西门塔尔牛乳、肉用性能均较好，据瑞士西门塔尔牛标准泌乳期产奶量记录，平均产奶量为4 070千克，乳脂率3.9%。在欧洲良种登记牛中，年产奶4 540千克者约占20%。该牛生长速度较快，平均日增重可达1.0千克以上，生长速度与其他大型肉用品种相近。胴体肉多，脂肪少而分布均匀，公牛育肥后屠宰率可达65%左右。成年母牛难产率低，适应性强，耐粗放管理。总之，该牛是兼具乳牛和肉牛特点的典型品种。

④与我国黄牛杂交的效果　我国自20世纪初就开始引入西门塔尔牛，到1981年我国已有纯种该牛3 000余头，杂种牛50余万头。西门塔尔牛改良各地的黄牛，都取得了比较理想的效果。据河南省舞钢市报道，西杂一代牛的初生重为33千克，本地牛仅为23千克；平均日增重，杂种牛6月龄为608.09克，18月龄为519.9克，本地牛相应为368.85克和343.24克；6月龄和18月龄体重，杂种牛分别为144.28千克和317.38千克，而本地牛相应为90.13千克和210.75千克。各地的育肥结果见表1-3。

表1-3　西门塔尔改良牛的育肥结果

地点	开始月龄	代数	天数	头数	平均日增重（千克）	屠宰率（%）	净肉率（%）
通辽	17	一	40	11	0.864	53.47	41.4
	17	二	40	9	1.134	53.55	41.7
井陉	15	一	56	4	0.995		40.2
赞皇	15	一	90	6	1.002	55.3	43.7
	15	二	90	6	1.230	57.7	45.5
承德	16	一	80	6	1.145		
	16	二	80	6	1.247	51.24	43.9
江西	18	一	80	6	0.879		

产奶性能从全国商品牛基地县的统计资料来看，207天的泌乳量，西杂一代为1 818千克，西杂二代为2 121.5千克，西杂三代为2 230.5千克。

（2）丹麦红牛（Danish Red）。

①原产地及分布　丹麦红牛原产于丹麦的西兰岛、洛兰岛及默恩岛，为乳肉兼用品种，1878年育成，以泌乳量、乳脂率及乳蛋白率高而闻名于世，现在世界许多国家都有分布。

②外貌特征　丹麦红牛被毛呈一致的紫红色，不同个体间也有毛色深浅的差别；部分牛只的腹部、乳房和尾帚部生有白毛。该牛体躯长而深，胸部向前突出；背腰平直，尻宽平；四肢粗壮结实；乳房发达而匀称，乳头长。成年牛活重：公牛1 000～1 300千克，母牛650千克；其体高分别为148厘米和132厘米；犊牛初生重40千克左右。

③生产性能　丹麦红牛的产乳性能较好。据丹麦红牛生产年鉴记载，1989—1990年平均产奶量为6 712千克，乳脂率为4.21%，乳蛋白率3.30%；个体高产305天奶量超过1万千克以上的为数不少，最高个体产乳量12 000千克以上。

该牛产肉性能也好，屠宰率平均54%～57%；肥育的牛只，胴体组成为：瘦肉65%，脂肪17%，骨18%。犊牛哺乳期日增重较高，平均为0.7～1.0千克；性成熟早；耐粗饲、耐寒、耐热，采食快，适应性强，这些特点使该牛在世界上许多地方都很受欢迎。

④与我国黄牛杂交的效果　我国在1984年引入该牛，在吉林省农业科学院和西北农业大学分别建立原种场，改良辽宁、陕西、河南、甘肃、宁夏、内蒙古、福建等省区的当地黄牛，取得了可喜成绩。例如，陕西省富平县用丹麦红牛改良秦川牛，丹秦杂种一代公、母犊牛的初生重分别为32.9千克和29.7千克，比秦川牛分别提高24.1%和49.2%。丹秦杂种一代牛30、90、180、360日龄体重分别比本地秦川牛提高了43.9%、30.6%、

4.5%和23.0%。与秦川牛相比，丹秦杂种牛背腰宽广，后躯宽平，乳房大。丹秦杂种一代牛在农户饲养的条件下，第一泌乳期225.2天泌乳2 015千克。丹黄杂种牛抗寒、耐暑、耐粗及抗病力等抗逆性状均有突出表现。

(3) 三河牛。

①原产地及分布　三河牛产于内蒙古呼伦贝尔草原的三河（根河、得勒布尔河、哈布尔河）地区，并因此而得名。是我国培育的第一个乳肉兼用品种，含西门塔尔牛血液。现数量约10万头，分布在呼伦贝尔盟及邻近地区的农牧场。近年来三河牛已被引入各省、市、自治区，也曾输往蒙古等国家。

②外貌特征　三河牛毛色以黄白花、红白花占绝大多数，体躯高大，骨骼粗壮，结构匀称，肌肉发达，性情温驯。头清秀，角粗细适中，稍向上向前弯曲。平均活重：公牛1 050千克，母牛547.9千克；体高分别为156.8厘米和131.8厘米。犊牛初生重：公牛为35.8千克，母牛为31.2千克。

③生产性能　三河牛年产乳量在2 000千克左右，在良好的饲养条件下可达3 000～4 000千克，乳脂率一般在4%以上。该牛产肉性能良好，未经肥育的阉牛，屠宰率一般为50%～55%，净肉率44%～48%，肉质良好，瘦肉率高。该牛种由于个体间差异很大，无论在外貌和生产性能上，表现均不一致，有待于进一步改良提高。

(4) 中国草原红牛。

①原产地及分布　草原红牛是由吉林省白城地区、内蒙古赤峰市、锡盟南部县和河北省张家口地区联合育成的一个兼用型新品种，1985年正式命名为“中国草原红牛”。分布于吉林、辽宁和河北省的以肉乳兼用为主，分布于内蒙古的以乳肉兼用为主。目前，产区有杂种牛30多万头。

②外貌特征　草原红牛大部分有角，角多伸向前外方，呈倒八字形，略向内弯曲。全身被毛为紫红色或红色，部分牛的腹下

或乳房有白斑；鼻镜、眼圈粉红色。体格中等大小，成年活重：公牛为700～800千克，母牛450～500千克；初生重：公牛为37.3千克，母牛为29.6千克；成年牛体高：公牛137.3厘米，母牛124.2厘米。

③生产性能 草原红牛以放牧为主，在冬春季节补喂精料、干草和青贮料的条件下，第一胎平均泌乳量为1 127.4千克，年均产乳量为1 662千克；泌乳期为210天左右。18月龄阉牛经放牧肥育，屠宰率达50.84%，净肉率40.95%。短期育肥牛的屠宰率和净肉率可分别达到58.1%和49.5%，肉质良好。

该牛适应性好，耐粗放管理，对严寒酷热的草场条件耐力强，且发病率很低；繁殖性能良好，繁殖成活率为68.5%～84.7%。

（5）新疆褐牛。

①产地及分布 新疆褐牛原产于新疆伊犁、塔城等地区。由瑞士褐牛及含有该牛血液的阿拉塔乌牛与当地黄牛杂交育成。现有头数约45万头以上。

②外貌特征 新疆褐牛被毛为深浅不一的褐色，额顶、角基、口轮周围及背线为灰白或黄白色。体躯健壮、肌肉丰满。头清秀、嘴宽、角中等大小，向侧前上方弯曲，呈半椭圆形，颈适中，胸较宽深，背腰平直。成年体重：公牛平均为950.8千克、母牛为430.7千克，体高一般母牛为121.8厘米。

③生产性能 新疆褐牛平均产乳量2 100～3 500千克，高的个体产乳量达5 162千克；平均乳脂率4.03%～4.08%，乳中干物质13.45%。该牛产肉性能良好，在伊犁、塔城牧区天然草场放牧9～11月屠宰测定，1.5岁、2.5岁和阉牛的屠宰率分别为47.4%、50.5%和53.1%，净肉率分别为36.3%、38.4%和39.3%。

该牛适应性好，可在极端温度－40℃和47.5℃下放牧，抗病力强，但生产性能尚不稳定。

（二）奶牛的鉴别方法

1. 体型外貌与生产性能的关系

外貌是生产性能的表征，不同生产类型的牛，都有与其生产性能相适应的外貌。例如，乳牛具有发育良好的泌乳器官，肉牛具有宽深而肌肉丰满的体躯，役牛具有骨骼结实、肌肉发达和强壮有力的四肢。因此，近年国内外在牛的育种工作中对生产性能与外貌结构同样重视。例如，对乳牛的选择，除重视产乳性能外，也很注意外貌结构，尤其对乳房和后躯的发育更为重视。一般地说，凡是体型外貌优良的乳牛，其生产性能也多数是较好的。例如，加拿大荷斯坦牛育种协会对 25 万头该品种母牛的产奶量、乳脂率和乳脂量进行统计分析，其结果基本上与外貌等级是一致的（表 1-4）。

表 1-4　加拿大荷斯坦牛外貌等级及其产乳性能

外貌等级	评级分数	占总数的(%)	305 天，每日 2 次挤奶		
			平均产奶量(千克)	乳脂率(%)	乳脂量(千克)
特好	90 或 90 以上	0.16	8 549	3.98	325
很好	85～89	3.99	7 575	3.78	288
上好	80～84	43.46	6 925	3.73	258
好	75～79	47.60	6 601	3.70	244
一般	65～74	4.74	6 060	—	—
差	65 以下	0.05	—	—	—

由表 1-4 可见家畜的体型外貌与生产性能之间存在着密切的联系。在选择个体时，如果只注意家畜的体型外貌而忽视其生产性能，就可能把一些生产性能很高的个体从畜群中淘汰掉；反之，如果只注意生产性能而忽视其体型外貌，则结果往往使牛群体质衰退，外貌变劣，生产性能下降，影响牛群的发展。19 世纪选择荷兰牛时，由于片面强调产奶量而忽视其体质的结实性和乳脂率，结果使荷兰牛体质衰退，抗病力低，乳脂率也

低。生产性能除受其本身遗传基因及环境因素的影响外，还要受其他许多因素的制约。例如，乳牛的泌乳机能，不仅受泌乳器官发育好坏及环境因素所制约，而且还要受神经、循环、消化、呼吸和内分泌系统等机能互相作用的影响。而这些因素都是内在特性，亦即内部结构，不可能完全由外貌特征上表现出来。所以，对乳牛的鉴定，除外貌结构外，还应测定其实际的产乳能力。

2. 奶牛外貌鉴别方法

乳牛的外貌鉴别，传统上有三种方法，即肉眼鉴别、评分鉴别和测量鉴别。

（1）肉眼鉴别。这是用眼睛观察牛的外形，并借助手的触摸对各个部位和整个畜体进行鉴别的方法。有经验的鉴别员根据肉眼的观察和手的触摸就能初步判断牛只品质的好坏和某些生产能力的高低。

进行肉眼鉴别时，应使被鉴别的牛自然地站立在宽广而平坦的场地上，鉴别人员站在距牛 5～8 米的地方，首先进行一般的观察，对整个畜体环视一周，以便有一轮廓的认识和判断牛体各部位发育是否匀称，然后站在牛的前方、侧面和后方分别进行观察，从前方可观察头部的结构、胸和背腰的宽度、肋骨的开张程度和前肢的肢势等；从侧面观察胸部的深度、整个体型和体躯的容积、肩及尻的倾斜度，颈、背、腰、尻等部的长度，乳房及四肢的发育情况，以及各部位是否匀称；从后方观察背腰及尻的宽度、乳房的大小和形状、后肢的肢势。继而用手触摸，了解其皮肤、皮下组织、肌肉、骨骼、毛、角和乳房的发育情况。最后让牛自由行走，观察四肢的动作、肢势和步样。

用肉眼鉴别牛的外貌，不需要任何工具，就可以了解整个畜体所有部位的结构以及它们之间的协调性。但是采用这一方法要求鉴别人员必须具有丰富的经验，才能得出比较准确的结果。对于初次担任鉴别工作的人员，除肉眼鉴别外，还应采用评分鉴别的方法，以弥补肉眼鉴别的不足。

（2）评分鉴别。评分鉴别是对牛体各部位依其重要程度分别给予一定的分数，总分是100分。鉴别人员根据外貌要求，分别评分，最后综合各部位评得的分数，得出该牛的总分数，然后按给分标准确定外貌等级。中国荷斯坦牛外貌鉴别评分表见表1-5和表1-6。

母牛的外貌鉴别评分项目包括：一般外貌与乳用特征、体躯、泌乳系统、肢蹄四大部分，其满分标准分别为30，25，30和15分；细目为16项，根据每一部位对奶牛生产性能、体质的关系与重要性，分别订出不同给分标准，总分为100。公牛的项目与母牛大体相似，但有侧重。

对于乳用犊牛及周岁育成牛，由于泌乳系统尚未发育完全，泌乳系统可作为次要部分，而把重点放在一般外貌、乳用特征和体躯容积三部分上。

（3）测量鉴别。

①体尺测量　体尺测量所用的仪器：测杖；卷尺；圆形测定器；测角器。在测杖、卷尺、圆形测定器上均刻有厘米，在测角器上则刻有度与分。

表1-5　中国荷斯坦牛母牛外貌评分鉴别表

项　目	细目与给满分要求	标准分
（一）一般外貌与乳用特征	1. 头、颈、鬐甲、后大腿等部位棱角和轮廓明显	15
	2. 皮肤薄而有弹性，毛细而有光泽	5
	3. 体高大而结实，各部结构匀称，结合良好	5
	4. 毛色黑白花，界线分明	5
	小计	30
（二）体躯	5. 长、宽、深	5
	6. 肋骨间距宽，长而开张	5
	7. 背腰平直	5
	8. 腹大而不下垂	5
	9. 尻长、平、宽	5
	小计	25

（续）

项　目	细目与给满分要求	标准分
（三）泌乳系统	10. 乳房形状好，向前后延伸，附着紧凑	12
	11. 乳房质地：乳腺发达，柔软而有弹性	6
	12. 四乳区：前乳区中等大，四个乳区匀称，后乳区高、宽而圆，乳镜宽	6
	13. 乳头：大小适中，垂直呈柱形，间距匀称	3
	14. 乳静脉弯曲而明显，乳井大，乳房静脉明显	3
	小计	30
（四）肢蹄	15. 前肢：结实，肢势良好，关节明显，质坚实，蹄底呈圆形	5
	16. 后肢：结实，肢势良好，左右两肢间宽，系部有力，蹄形正，蹄质坚实，蹄底呈圆形	10
	小　计	15
总　计		100

表 1-6　中国荷斯坦牛公牛外貌评分鉴别表

项　目	细目与给满分标准	标准分
（一）一般外貌	1. 毛色黑白花，体格高大	7
	2. 有雄相，肩峰中等，前躯较发达	8
	3. 各部位结合良好而匀称	7
	4. 背腰：平直而结实，腰宽而平	5
	5. 尾长而细，尾根与背线呈水平	3
	小计	30
（二）体躯	6. 中躯：长、宽、深	10
	7. 胸部：胸围大，宽而深	5
	8. 腹部紧凑，大小适中	5
	9. 后躯：尻部长、平、宽	10
	小计	30
（三）乳用特征	10. 头、体型、后大腿的棱角明显，皮下脂肪少	6
	11. 颈长适中，垂皮少，鬐甲呈楔形，肋骨扁长	4
	12. 皮肤薄而有弹性，毛细而有光泽	3
	13. 乳头呈柱形，排列距离大，呈方形	4
	14. 睾丸：大而左右对称	3
	小计	20

（续）

项　目	细目与给满分标准	标准分
（四）肢蹄	15. 前肢：肢势良好，结实有力，左右两肢间宽；蹄形正，质坚实，系部有力	10
	16. 后肢：肢势良好，结实有力，左右两肢间宽；飞节轮廓明显，系部有力，蹄形正，蹄质坚实	10
	小计	20
总计		100

当进行体型测量时，应令被测量的牛端正地站在平坦的地上（最好是站在木板上或水泥地上），四肢的位置必须垂直、端正，左右两侧的前后肢均须在同一直线上；从侧面看时，它的前后肢也都须成一直线。头应自然前伸，既不左右偏，也不高仰或下俯，后头骨与鬐甲近于水平。只有这样的姿势，才可以得到比较正确的体尺。

根据外貌评分结果，按表 1-7 评定等级。

表 1-7　外貌鉴别等级标准

性　别	特等	一等	二等	三等
公	85	80	75	70
母	80	75	70	65

说明：对公、母牛进行外貌鉴定时，若乳房、四肢和体躯其中一项有明显生理缺陷者，不能评为特级；两项时不能评为一级；三项时不能评为二级。

测量部位的数目，依测量目的，可多可少。例如，测定牛的活重时，只取两个部位——体斜长和胸围进行测量即可。为了观察及检查牛在生产条件下的生长发育情况，测量的部位可为 5 个（鬐甲高、体斜长、胸围、胸宽、管围）到 8 个（鬐甲高、尻高、体斜长、胸围、管围、胸宽、胸深、腰角宽）。而在研究牛的生长规律时，测量的部位可大大增多，例如在牛的育种登记簿上，规定测量部位为 13～15 个（除上述 8 个部位另加头长、额的最大宽度、背高、十字部高、尻长、髋股关节宽和坐骨宽等 7 个部位）。

现将牛体15个主要部位的起止点分述如下：

头长：由枕骨脊至鼻镜间的距离，用圆形测定器测量。

额的最大宽度：即眼眶的最远的两点间的距离，用圆形测定器测量。

鬐甲高：或简称体高，自鬐甲最高点垂直到地面的高度，用测杖测量。

背高：由最后一个背椎骨结节垂直到地面的高度，用测杖测量。

荐骨部高：或称尻高，由荐椎骨最高点垂直到地面的高度，用测杖测量。

胸深：沿肩胛骨后面作一垂线，测其由鬐甲。至胸骨间的距离，用测杖或圆形测定器测量。

胸宽：肩胛骨后缘体躯垂直切面的最大宽度，用测杖或圆形测定器测量。

腰角宽：在肠骨外角处测量，亦即后躯的最大宽度，用圆形测定器测量。

臀宽或髋宽：左右两臀角（髋股关节）的宽度，用圆形测定器测量。

坐骨宽：左右坐骨结节最外隆凸间的宽度，用圆形测定器测量。

体斜长：由肱骨前突起的最前点（即肩端）到坐骨结节最后两隆凸间的距离，用测杖或卷尺测量。

尻长：由腰角的前隆凸到坐骨结节最后隆凸间的距离，用圆形测定器测量。

胸围：在肩胛骨后角（即肩胛软骨后角）处作一垂线，用卷尺围绕一周测量之。

前管围：前掌骨（管骨）上1/3处周径（即管骨最细处），用卷尺测量。

十字部高：由两腰角间垂直到地面的高度。

②体尺指数的计算　研究奶牛的外形时，为了进一步明确畜体各部位在发育上是否匀称，不同个体间在外形结构上是否有差异，以及为了更精确地判断某些部位是否发育完全，在体尺测量后，常采用体尺指数计算的办法。所谓体尺指数，就是畜体某一部位尺寸对于另一部位尺寸的百分比，这样可以显示出两个部位之间的相互关系。

用指数鉴定外形时，通常都是应用畜体某两个部位来互相比较的，而这两个互相比较的部位应该是彼此间关系最密切，并且按其解剖构造和生理机能来说是具有一定关系的。例如，为了确定胸的圆度，可使用胸宽和胸深来对比。为了确定奶牛是否充分发育，则使用前肢高度与鬐甲部高度的对比，等等。

体尺指数不仅可以表明该畜体外形结构的特征，而且还可以判断影响与生长发育的各种因素及其影响的程度。

在乳牛业中常用的体尺指数，有下列几种：

体长指数：体躯的长度对鬐甲高度的比例。即：$\frac{\text{体斜长}}{\text{鬐甲高度}}\times 100$

一般乳用牛的体长指数较肉用牛小，胚胎期发育不全的牲畜，由于高度上发育不全，此种指数亦相当大；而在生长期发育不全的牲畜，则与此相反，其体长指数远较该品种所固有的平均数字为低。

胸宽指数：肩胛骨后方胸部的宽度对胸深的比例。即：$\frac{\text{胸宽}}{\text{胸深}}\times 100$

体躯指数：此种指数是表明牲畜体量发育情况的一种很好的指标。原始品种的牛，此种指数最小。即：$\frac{\text{胸围}}{\text{体斜长}}\times 100$

尻宽指数：坐骨结节间的宽度对两腰角间宽度的比例：即：$\frac{\text{坐骨宽}}{\text{腰角度}}\times 100$

胸围指数：胸围对鬐甲部高度的比例。即：$\frac{\text{胸围}}{\text{鬐甲部高}}\times 100$

③活重测定　一般采用测重方法，有如下几种：

实测法：一般应用平台式地秤，使牛站在上面，进行实测，这种方法最为准确。犊牛应每月测重一次，育成牛应每3月测重一次，而成年牛应在放牧期前后和第一、三、五胎产后30～50天各测一次体重。每次称重时，应在喂饮之前，奶牛应在挤奶之后进行。为了尽可能地减少误差，最好应连续两天在同一时间内进行，然后求其平均数作为该次的实测活重。

估测法：这一方法是在没有地秤的条件下应用的。估测的方法很多，但都是根据体重与体积的关系计算出来的。由于牛的品种不同，其外形结构互有差异。因此，某一估重公式可能适合于甲品种，不一定就能适合于乙品种，甚至估测结果与实测活重相差很大，根本不能应用。一般估重与实重相差不超过5%的，即认为效果良好，如超过5%则不能应用。由此可见，在实际工作中，不论采用何种估计公式，都应事先进行校核，甚至对公式中的常数也要作必要的修正，以求其准确。现将常用的方法介绍如下：

乳牛和乳肉兼用牛体重的估算——一般多采用凯透罗氏法

$$体重（千克）=胸围^2（米^2）\times 体直长（米）\times 87.5$$

犊牛断奶体重的校正——统一按180天计算，不足或超过180天的，按下法校正：

$$校正断奶体重（千克）=\frac{断奶体重-初生重}{实际哺乳日数}\times 180+初生重$$

3. 乳牛外貌的线性评定法

奶牛线性外貌评定方法于1983年在美国正式应用，同年传入我国，现已被许多国家采用，并且证明奶牛体型线性特征与终生产奶量和牛群生产年限之间有较高的遗传正相关，采用这种鉴定方法取得明显的经济效益和社会效益。

奶牛线性外貌评定是根据牛的生物学特性，通过系统分析研究各性状（部位）与生产性能的关系，确定各性状的线性评分标准。按照这个标准，将奶牛的每一个生物性状在1～50分的范围内，从性状的一个极端到另一个极端作衡量得到该性状的线性分，通过转换得到功能分，最后将这些不同的性状赋予一定的权数，经过数据处理，得到不同牛的评分，再确定牛的外貌等级。

与评分鉴别的“描述性方法”比较，它克服了易受鉴定员主观意志、个人爱好、实践经验、牛群概况影响的缺点，因而更符合客观实际情况。不过，其数据处理较复杂。

线性性状包括体型、尻部、肢蹄、乳房四大部分的15个性状。

(1) 性状评定方法及要点体型部分。

①体高　根据腰高（十字部高）评分。腰高为140厘米者属中等，得25分，低于130厘米评1～5分，高于150厘米评45～50分，在此范围内每增减1厘米，增减2个线性分。

②胸宽（体强度）　胸宽反映了母牛保持高产水平和健康状况的能力，胸宽用前内裆宽表示。前内裆宽为25厘米时属中等，得25分，低于15厘米评1～5分，大于35厘米评45～50分，在此范围内每增减1厘米，增减2个线性分。

③体深　体深与母牛容纳大量粗饲料的能力有关，它以胸深率表示，即胸深与体高之比。当胸深率为50%时属中等，评25分，极端深的评45～50分，极浅的评1～5分，在此范围内增减1%，增减3个线性分。此外，体深还须考虑肋骨开张度，最后两肋间不足3厘米扣1分，超过3厘米加1分，以左侧为好。

④棱角性（清秀度）　它是乳用特征的反映。其中等程度为：头狭长清秀，颈长短适中，鬐甲角度60°左右，通透过皮肤隐隐约约看到胸椎棘突的突起，大腿薄，四肢关节明显，侧面可到2～3根肋骨，极端清秀的评45～50分，极不清秀的评1～5分。

尻部部分：

⑤尻角度　尻角度与繁殖机能和健康状况有关，它指腰角与同侧坐骨端之连线与水平面的夹角。腰角高于坐骨端所形成的角度为正角度，反之为负角度。尻角度为正 2°评 25 分，大于 10°评 45～50 分，小于负 6°评 1～5 分，在中间范围内，每增减 1°，增减 2.5 个线性分。

⑥尻宽　尻宽与易产性有关，尻宽越宽，产犊就越顺利。尻宽根据髋宽评分，髋宽为 48 厘米评 25 分，38 厘米以下评 1～5 分，58 厘米以上评 45～50 分。在 38～58 厘米之间，每增减 1 厘米，增减 2 个线性分。

肢蹄部分：

⑦后肢侧视　后肢肢势可直接影响肢蹄部耐久力，它以飞节角度评分。飞节角度为 145°时评 25 分，大于 155°评 1～5 分，小于 135°评 45～50 分，在此中间范围内，每增减 1°，减增 2 个线性分。

⑧蹄角度　蹄角度可反映蹄的耐久力，它是指蹄底与蹄壁所成的角度。蹄角度为 45°时评 25 分，大于 155°评 1～5 分，小于 135°评45～50 分，在此中间范围内，每增减 1°，增减 2 个线性分。

乳房部分：

⑨前乳房附着　它反映了乳房侧韧带附着的坚实程度，用前乳房与腹壁所成角度表示。角度越大，附着越坚实。角度为 90 时属中等附着，评 25 分，小于 45°评 1～5 分，大于 120°评45～50 分，在 90°～120°范围内，每增加 1°，增加 0.67 个线性分，在 90°～45°范围内，每减少 1°，减 0.44 个线性分。

⑩后乳房高　它是乳房容积大小的因素之一，根据乳腺组织上缘到阴门基础的距离评分。此距离为 24 厘米时评 25 分，31 厘米以上评 1～5 分，20 厘米以下评 45～50 分，在 24～31 厘米范围内，每增加 1 厘米，减 3 个线性分，在 24～20 厘米范围内，

每减少 1 厘米，加 5 个线性分。

⑪后乳房宽　它是有关乳房容积大小的另一个因素，根据乳腺组织上缘的宽度评分。宽度为 14 厘米时评 25 分，24 厘米以上评 45～50 分，7 厘米以下评 1～5 分，在此范围内每增加 1 厘米，加 2 个线性分，减少 1 厘米，减 3 个线性分，同时还要考虑乳房皱褶数，每出现一条乳房皱褶可加 1 分，当乳房皱褶超过 3 条时，可按 3 条计。

⑫悬韧带　悬韧带强弱直接决定了乳房的悬垂状况，它的强弱根据后乳房基部至中央悬韧带处的深度评分，即左、右乳房之间沟的深度。中等深度为 3 厘米，评 25 分，6 厘米以上为极深，评 45～50 分，0 厘米以下评 1～5 分，每增减 1 厘米，增减 6.67 个线性分。

⑬乳房深度　乳房深度关系到乳房容积大小，一定的深度有利于乳房容积，太深时易引起损伤，是下垂的表现。乳房深度根据乳房底部与飞节的相对位置评分，高于飞节 5 厘米评 25 分，高于飞节 15 厘米以上评 45～50 分，低于飞节 5 厘米以下评 1～5 分，每变化 1 厘米，变化 2 个线性分。

⑭乳头位置　它反映了乳头分布的均匀程度，关系到挤奶操作的难易和乳头是否容易发生损伤。乳头处于中央分布评 25 分，乳头分布越集中，分数越高，极靠内评 45～50 分，越离散，分数越低，极靠外评 1～5 分。乳头中央分布为：把后乳房宽分成三等分，左侧和右侧的两个乳头恰好处于三等分线上。

⑮乳头长度　乳头长度关系到挤奶操作的难易程度。乳头长度为 5 厘米时评 25 分，大于 9 厘米以上评 45～50 分，小于 2 厘米以下评 1～5 分，每长 1 厘米加 5 个线性分，每少 1 厘米，减 6～7 个线性分。

根据性状的评定方法，借助测杖、圆测器等，将每个性状评出线性分后，填入表 1-8。

表 1-8　奶牛线性外貌鉴别记录表

牛场　　　　　　鉴定员　　　　　　日期

牛号	胎次	产犊日期	线性性状															等级评分					
			体型				尻部		肢蹄		乳房												
			体高	胸宽	体深	棱角性	尻角度	尻宽	后肢侧视	蹄角度	前房附着	后房高	后房宽	悬韧带	后房深	乳头位置	乳头长度	一般外貌	乳用特征	体躯容积	泌乳系统	整体评分	等级
线性分																							
功能分																							

（2）外貌等级评定。根据以上性状的线性评分，通过表 1-9 转换为百分制功能分，然后按表 1-10 所列性状的分类和权重计算整体评分。

表 1-9　线性评分转换百分表

线性评分	体高	胸宽	体深	棱角性	尻角度	尻宽	后肢侧视	蹄角度	前房附着	后房高	后房宽	悬韧带	后房深	乳头位置	乳头长度
50	80	75	75	75	51	88	51	80	80	97	97	80	70	75	70
49	82	75	76	76	53	89	52	81	82	96	96	83	71	78	71
48	84	76	77	77	56	90	53	82	84	94	95	86	72	81	72
47	86	76	79	79	59	91	54	83	86	92	94	89	73	84	73
46	88	77	82	82	62	93	55	84	88	91	93	92	74	87	74
45	90	77	85	85	65	95	56	85	90	90	92	95	75	90	75
44	93	78	86	87	66	97	57	86	92	89	92	94	76	90	76
43	95	78	87	89	67	95	58	87	94	88	91	93	77	89	77
42	97	79	88	91	68	93	59	88	95	87	91	92	79	89	78
41	96	82	89	93	69	91	60	89	94	86	90	91	82	88	79
40	95	85	90	95	70	90	61	90	92	85	90	90	85	88	80
39	94	88	89	93	71	89	62	91	90	84	89	89	87	87	81
38	93	91	88	91	72	88	64	92	88	83	88	88	89	87	82
37	92	94	87	89	73	87	66	93	87	82	87	87	90	86	83
36	91	92	86	87	74	86	68	94	86	81	86	86	91	86	84
35	90	90	85	85	75	85	70	95	85	81	85	85	92	85	85
34	89	88	84	84	76	84	71	93	84	80	84	84	91	85	86

（续）

线性评分	体高	胸宽	体深	棱角性	尻角度	尻宽	后肢侧视	蹄角度	前房附着	后房高	后房宽	悬韧带	后房深	乳头位置	乳头长度
33	88	86	83	83	77	83	72	91	83	80	83	83	90	84	87
32	87	84	82	82	78	82	73	89	82	79	82	82	89	84	88
31	86	82	81	81	79	82	74	87	81	78	81	81	87	83	89
30	85	80	80	80	80	81	75	85	80	78	80	80	85	83	90
29	84	79	79	79	82	80	78	83	79	77	79	79	82	82	90
28	83	78	78	78	84	80	81	81	78	77	78	78	79	82	88
27	82	77	77	77	86	79	84	79	77	76	77	77	77	81	85
26	81	76	76	76	88	78	87	77	76	76	76	76	76	81	83
25	80	75	75	76	90	78	90	76	76	75	75	75	75	80	80
24	79	75	75	76	88	77	87	75	75	75	74	74	74	79	78
23	78	74	74	74	86	76	84	74	74	74	73	73	73	78	76
22	77	74	74	73	84	76	81	73	73	72	72	72	72	77	74
21	76	73	73	72	82	75	78	72	72	71	71	71	71	76	72
20	75	73	73	70	80	74	75	71	70	70	70	70	70	75	70
19	74	72	72	69	78	73	73	70	69	70	69	69	69	73	69
18	73	72	72	68	76	72	71	69	68	69	68	68	68	71	68
17	72	72	71	67	74	71	69	69	67	69	67	67	67	69	67
16	71	70	70	66	72	70	67	68	66	68	66	66	66	67	66
15	70	69	69	65	70	69	65	68	65	68	65	65	65	65	65
14	69	68	68	64	69	68	64	67	64	67	64	64	64	64	64
13	68	67	67	63	67	67	63	67	63	67	63	63	63	63	63
12	67	66	66	62	66	66	62	66	62	66	62	62	62	62	62
11	66	65	65	61	65	65	61	65	61	66	61	61	61	61	61
10	64	64	64	60	64	64	60	64	60	65	60	60	60	60	60
9	63	63	63	59	63	63	59	63	59	64	59	58	59	59	59
8	61	61	61	58	61	61	58	61	58	63	58	58	58	58	58
7	60	60	60	57	60	60	57	59	57	61	57	57	57	57	57
6	58	58	58	56	58	58	56	58	56	59	56	56	56	56	56
5	57	57	57	55	57	57	55	56	55	58	55	55	55	55	55
4	55	55	55	54	55	55	54	55	54	56	54	54	54	54	54
3	54	54	54	53	54	54	53	53	53	54	53	53	53	53	53
2	52	52	52	52	52	52	52	52	52	52	52	52	52	52	52
1	51	51	51	51	51	51	51	51	51	51	51	51	51	51	51

表 1-10　特征性状的权重构成及整体评分

项目	体躯容积（15）				乳用特征（15）					一般外貌（30）							泌乳系统（40）							整体评分
具体性状	体高	胸宽	体深	尻宽	棱角性	尻角度	尻宽	后肢侧视	蹄角度	体高	胸宽	体深	尻角度	尻宽	后肢侧视	蹄角度	前房附着	后房高	后房宽	悬韧带	后房深	乳头位置	乳头长度	
权重	20	30	30	20	60	10	10	10	10	15	10	10	15	10	20	20	20	15	10	15	25	7.5	7.5	100

整体评分≥90 为优，85～90 为良，80～84 为佳，75～79 为好，65～74 为中，64 以下为差。

（3）评定的注意事项。

①奶牛线性外貌评定的主要对象是母牛，从第一胎开始到第五胎止，每胎鉴定一次，从中取一最高成绩认定为该牛终身的成绩。一般对公牛个体本身不进行线性鉴定。

②评定季节以春秋季为宜，冬夏季会掩盖或夸大其棱角性，影响评定的准确性。

③一般在每胎产后第 30～150 天之间鉴别，以产后 60 天左右鉴别最佳，以求较精确的后乳房宽。在干乳期、围产期、疾病期不鉴别。

④对体躯左右侧都有的某些性状，如蹄角度、后肢侧视等，应鉴别健康的、有利于牛体得分的一侧。

⑤鉴定员要注意安全，充分利用自身的体尺作标准，进行鉴别。

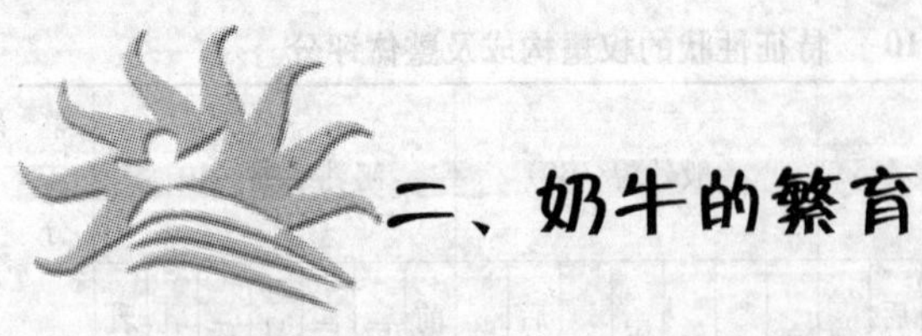

二、奶牛的繁育

（一）奶牛的育种方法

育种方法也叫交配方法。它是根据育种工作的需要按个体间亲缘关系所组成的多种多样的交配类型。习惯上一般都把育种方法划分为本品种选育（纯种繁育）和杂交育种两大类。

1. 本品种选育

（1）本品种选育的目的和条件。一些古老品种，长期通过人为地选育，生活在相似的饲养管理及自然环境条件下，因而形成了稳定的遗传性，能稳定地把优良的性状遗传给后代。本品种选育的目的，不仅要保持这些优良的特性、特点及生产性能，而且还要在保持纯种的基础上进一步发展和提高，使之更适合于国民经济和市场经济的需要。为此，一般多在下述情况进行本品种选育：

①本品种的生产性能较高，体型外貌也较一致，基本上符合国民经济的需要。为了保持和发展品种的特性，需采用本品种选育方法。如中国荷斯坦牛、西门塔尔牛、兼用型短角牛、丹麦红牛等品种。

②引进品种的保种，也需要采用本品种选育的方法。例如，1949 年以来，我国从国外引进不少著名的乳用、乳肉兼用品种牛，均可采用本品种选育方法，保持纯种，扩大繁殖，以供推广和提供杂交育种的原材料。

③杂交育种的最后阶段，牛群进入横交固定以后，为了使牛群质量进一步提高并趋于一致，需要进行自群繁育，严格进行选

择，淘汰不良个体，增加良种牛的数量，提高质量，实质上就是采取本品种选育的方法。

（2）本品种选育的方法。本品种选育主要包括近交和品系育种两个方面。

①近交　近交的作用是增加后代继承相同性状的概率。一般在下述几种情况下可采取近交：

固定优良性状　由于近交可以逐代地使成对基因变为纯合子，因此可以固定优良性状，使这些性状的基因成为纯合子，在后代中得到稳定遗传。这在品种的育成阶段具有重要意义。

淘汰有害性状　在家畜育种中有些需要淘汰的有害性状是隐性基因造成的，因而在杂合子的情况下，它们得不到暴露；而这种基因却总是在畜体中保留着，偶尔表现一次，总是淘汰不净。如果遇到偶尔出现隐性的有害性状，可先把出现这种性状的牛的双亲淘汰掉，同时停止其祖代亲本（祖父母和外祖父母）的种用繁殖，并用具有这种隐性性状的个体分别同它们祖代 4 个亲本交配。在哪个交配组合中又产生这样的后代，就把那个亲本淘汰掉，并且继续用近交方法对这个祖代个体的双亲加以考查，追溯到尽可能远的世代。

保持优良祖先的血统　牛群中如果有个别或少数特别优良的个体出现，可采取近交的方法来继承和保留它们的血统。在这种情况下，近交系数可以达到25%以上，也就是说，可以进行亲子、全同胞间的交配。世界上著名的肉用品种短角牛的育成，就是由于采取高度的近交（近交系数高达 46.87%）而加强了肉用品质的发展。英国柯林兄弟用一头同父异母的兄妹所生的短角公牛费沃立特（Favorit），与其女儿、孙女、曾孙女交配，结果产生了优秀的后代，在短角牛的育成上起到很大的作用。

但是，必须指出，在进行近交时，要严格选择，选优去劣，对近交过程中出现的不良个体，应毫不犹豫地把它们淘汰掉。近交不一定都造成品种的退化，在上述几种情况下，进行有目的近交，加上严格的选择，只要得出一、二个近交而不衰退的优良家系，把它们选拔出来，优良性状的组合就在它们的群体中获得纯合化，并无损地被保留了下来，这对于品种质量的提高无疑是大有好处的。但近交不能滥用，否则会普遍引起后代衰退。据国外研究，近交系数每增加10%，产奶量平均下降22.7千克。近交衰退的程度及其影响见表2-1。

表2-1 近交的影响

性　状	近　交　系　数（%）		
	6.25	12.5	25.0
死亡率（非近交的为100%）	112	125	150
产奶量	−300（−135千克）	−600（−270千克）	−1 200（−540千克）
乳脂量	−10（−4.5千克）	−20（−9.0千克）	−40（−18千克）
初生重	−1.5（−0.07千克）	−3.0（−1.35千克）	−6.0（−2.7千克）
2岁体重	−20（−9.0千克）	−40（−18千克）	−60（−27千克）

②品系育种　品系育种是家畜育种工作的高级阶段。它是育成新品种和不断提高品种质量的有效方法。其最大特点是有目的地培育牛群在类型上的差异，以便使畜群的有益性状继续保持并扩大到牛群中去。所谓有益性状，不仅是对生产性能而言，而且其他如体质及体躯结构、健康、耐粗性、适应性等均包括在内。但是，挑选各个方面都符合理想的个体是有困难的，而从大群中挑选具有某一方面表现突出的个体则是比较容易的。将具有某一方面表现突出的个体或类群，采用同质选配的方法，就可以将此品种这方面的优良性状继续保持下去。如果在一个品种内建立若干品系，每个品系都有其独特的优点，以后通过品系间的结合（杂交），就可使整个牛群得到多方面的改良。例如，有些国家现代培育的荷斯坦牛既具有很高的产奶量（7 000～8 000千克以上），又具有较高的乳脂率（4%以上）和乳蛋白率（3.50%左右），有较好的肉用性能，主要是由于采用品系育种和巧妙地运用选种选配的结果。

建立品系的步骤与方法

a. 建立品系首先要创造和培育系祖　系祖必须是卓越的优良种公牛，不仅本身表现好，而且能将其本身的优良特征、特性遗传给后代。如果系祖的特征、特性不显著，特别是遗传性不稳定，那么，当与同质的母牛选配时，所生后代就不一定都具有品系的特征、特性。因此，当牛群中还未发现有理想的种公牛作为系祖时，就不要急于建系，应当从积极创造和培育系祖着手。创造和培育系祖时，可从种子母牛群或核心母牛群中挑选符合品系要求的母牛若干头，与较理想的种公牛进行选配，所生公犊，通过后裔测定，选五留一，建立品系。

品系育种是选择和近交的结合。育种工作者在群体内发展品系以前必须弄清楚作为系祖的个体应是一头理想公牛，在遗传上是超过品种平均值的。

在创造和培育系祖过程中，可适当采取近交的办法，以巩固其遗传性，但应避免高度近交——父女及母子交配。这可以通过不同的交配形式达到这一目的。若某一头种公牛是经过品系育种的，则必须说明它和哪个祖先有高度亲缘关系。设 5 号是一头优秀的人工授精公牛，现以 5 号为系祖进行品系育种，则有以下交配形式，见图 2-1。

关于近交系数究竟以多少为合适的问题。根据北京市北郊农场的体会，系祖近交系数以不超过 12.5％为宜。如该场“北1118”公牛的祖父和其母亲是半同胞，接受 27 号公牛的遗传机会是 37.5％，近交系数为 6.25％；19542 号公牛是 7055 号公牛的品系继承者，采用了半同胞形式的近交，其近交系数为 12.5％，接受 7055 号公牛的遗传机会为 50％。国内外的研究表明，近交系数不超过 12.5％对生产性能的不良影响不显著。

b. 认真挑选品系基础母牛　与配的同质母牛（即品系基础母牛），必须认真挑选，不能因为有了系祖公牛就随便降低与配母牛的标准。建系的成败固然取决于系祖的挑选，同时也决定于

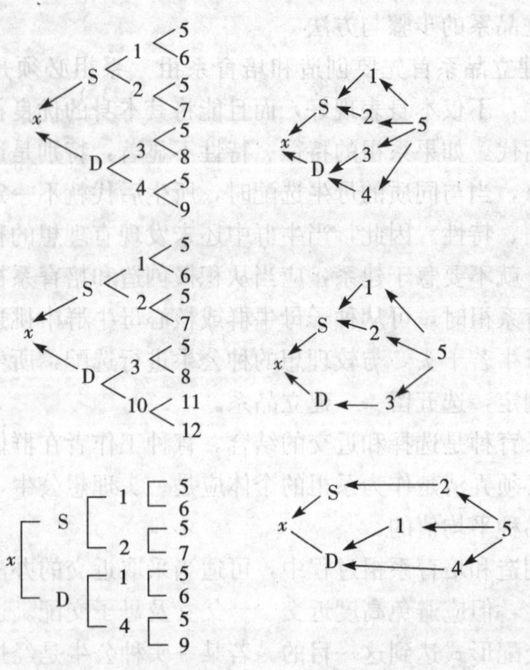

图 2-1　以 5 号公牛为系祖的交配形式

与配母牛的挑选是否严格。此外，品系基础母牛群还必须拥有相当的数量，一般在建系时至少要有 100～150 头可供建系的成年母牛。因可供建系的基础母牛头数越多，则越能发挥种公牛的作用，特别是应用冷冻精液配种的情况下，一个品系的基础母牛群头数更应大大增加。如本场品系基础母牛群头数不足，可以应用他场母牛，联合建系。品系基础母牛可以有亲缘关系，也可以无亲缘关系。

c. 积极培育系祖的继承者　品系建立之后，为了保持这个品系，要积极培育品系的继承者。培育品系的继承者也必须按照培育系祖的要求，通过后裔测定选出卓越公牛。由于牛的世代间隔较长，因此在建立品系以后就要及早注意培育和选留品系公牛的继承者。一般一个品系延续到三代以后即逐渐消失，

如果认为这个品系没有继续存在的必要，便无需考虑品系的延续问题；如果是特别有价值的品系需要保留时，则应采取以下的解决办法：

——继续延续已建品系：方法是选留与原系祖有亲缘关系较多的后代公牛作为品系的继承者。

——重新建立相应的新品系：即重新培育系祖。

品系的结合　建立品系是增加品种内部的差异性，以保持品种丰富的遗传性。而品系的结合（即品系间的杂交）则是增强品种的同一性。可见，建立品系的最终目的是为了品系的结合。通过品系的结合，使品系间的优良性状互相补充，取长补短，以提高整个牛群的质量。例如，北京市北郊农场建立了7055、清农和1937号公牛三个品系，各具特点，如果使这三个品系相互交配，就可使它们的优点结合起来，育成体型外貌优良、乳房结构良好、产奶丰富和乳脂率高的奶牛品种。

采用顶交，防止近交退化　在建系过程中为了创造优秀的系祖和巩固其遗传性，常采取近交的方法。由于近交往往出现后代衰退现象，带来很大经济损失。为了防止近交退化问题，一是近交系数不宜过高；二是当发生近交退化现象时，可让近交公牛与无血缘关系的母牛交配，在同品种内取得杂交优势，达到增强牛群体质，提高生产性能的目的，这就叫做“顶交”。北京市北郊农场曾先后培育了6头近交公牛，其中0063号公牛的近交系数为18.75%，与无血缘关系的母牛交配，其女儿23头，头胎平均产奶量为4 918千克，比同期同龄牛的产奶量高503千克。

2. 杂交育种

（1）杂交育种的目的和杂交优势。杂交是指两个或两个以上品种公、母牛的相互交配，是改良原始低产品种、创造新品种的重要手段。通过杂交可以丰富和扩大有机体的遗传基础，提高有机体的生活力，同时还可动摇其遗传基础，使后代的可塑性更大；如果再加以定向培育，就可使其沿着我们所希望的方向去发展。因此，当原有品种的体型外貌和（或）生产性能不能适应国民经济和市场经济的需要时，就可采取杂交育种的方法，引用优良的外来品种，与当地的原始品种进行杂交，以期育成一个体型外貌好、生产性能高、能适应当地自然环境条件的新品种。这就是杂交育种的目的。所以，杂种牛表现出明显的杂交优势，其生产性能比被改良的品种（母本）大大提高，甚至还要超过改良品种（父本）。杂交优势计算的公式是：

$$杂交优势=\frac{(杂种均数-亲本均数)}{亲本均数}\times 100\%$$

杂交优势可能是由于下列遗传影响而造成的：

①显性—在许多位点上显性基因的积累。

品种（系）1　　品种（系）2

AAbb　　×　　aaBB

↓

AaBb

可以看出后代中有两个位点都有显性基因，但亲本只有一个位点有显性基因。

②超显性—杂合状态比纯合亲本任一方都更有价值。

品种（系）1　　品种（系）2

CC　　×　　cc

↓

Cc

③上位—指不同基因对间或不同位点间的互作，或一个位点上的基因对另一位点上的基因的影响。

由于和以上相同的道理，有时杂交优势也可能是负值，就是说此时是杂交劣势。这就意味着纯合性和加性基因效应比杂合性更加重要，因为前者永远不会是0。

(2) 配合力的测定。配合力就是若干品种（系）间产生杂交

优势的程度。它分为一般配合力（c. c.）和特殊配合力（S. c.）。一般配合力是指某品种（系）和其他若干品种（系）杂交所获得的平均值。它产生于基因的加性效应，因为显性离差和上位离差在多种杂交组合中有正有负，所以在其均值中就互相抵消而只剩下加性效应了。特殊配合力是在若干互相交配的品种（系）中，某两个品种（系）或某三个（三杂交时）或某四个（双杂交时）品种（系）的杂交优势和亲代双方或曾祖父三方或四方的一般配合力的平均值之间的离差。它来自基因的非加性效应，即显性和上位效应。现用表 2-2 说明如下：

表 2-2　配合力测定表

性能 品系编号（♂♂）＼ 品系编号（♀♀）		1	2	3	4	5	一般配合力
♂♂	1	60	80	70	100	85	79
	2	50	70	80	130	40	84
	3	65	140	95	115	90	101
	4	90	115	100	120	150	115
	5	70	80	115	135	100	100
一般配合力	67	97	92	120	103		

由表 2-2 看出，品系 4 一般配合力最高；品系 3♂♂和品系 2♀♀有较高的特殊配合力；而品系 4♂♂和品系 5♀♀的特殊配合力最高。

(3) 杂交的方法和方式。

①杂交方法　根据杂交后代生物学特性和经济利用价值，杂交方法分为品种间杂交和种间杂交两大类。

品种内杂交　即品系间的交配。例如，一头与某品系成员无亲缘关系的公牛可以和该品系母牛交配一个世代，其后代又和该品系母牛交配一个世代，其后代又和该品系的共同祖先或共同祖先的近亲回交。其目的是为了减少近交和改良品系一个不理想性状。

品种间杂交　即不同品种公、母个体间的交配。任何用途的牛，都可用这种杂交方法来提高牛群的生产性能，改进外貌上的缺陷和培育新品种。

种间杂交　也叫远缘杂交，即不同种间公、母牛的交配。在养牛业中常采用此种杂交方法以获得经济价值很高的牛群和创造新品种。例如，澳大利亚为了育成一个耐热、抗蜱的高产品种，引用娟姗牛与印度的沙希华瘤牛进行杂交，培育成能适应热带气候条件的新品种——澳大利亚乳用瘤牛（AMZ）。近年又用沙希华与荷斯坦公牛杂交，育成了澳大利亚沙希华牛（AMS）。AMZ 将沙希华抗蜱特性与娟姗牛奶中含干物质高的特性结合在一起，使两个牛品种各具特点。我国青藏高原及其毗邻地区用当地土种黄牛与牦牛杂交，所生杂种一代为种间杂种——“犏牛”，具有明显的杂种优势，其体高、体长、胸围主要体尺的杂种优势率为 6.7%～14.6%，体重的杂种优势率为 36.1%；母犏牛的产奶量比牦牛高 50%～100%，对高寒草地终年放牧有良好的适应性。

②杂交方式　无论是品种间杂交或是种间杂交，乳牛业中常用的杂交方式有以下几种：

级进杂交　用优良品种的公牛与本地低产品种母牛交配，生下的杂种一代母牛，长大后再与优良品种的其他公牛交配，产生的二代杂种再用同品种的其他公牛交配，产生三代杂种。这样一代一代地杂交下去，直到获得所要求的优良性状为止（图 2-2）。以后即可在杂种公母牛间进行“自群繁育”，以巩固其遗传性。

级进杂交在我国应用历史很早，不少地区的奶牛就是利用外来的荷兰荷斯坦牛品种对本地黄牛实行级进杂交发展起来的，其杂交效果异常明显，一代杂种的产奶量常能达到纯种奶牛产量的一半以上，三代以上有时可能由于杂交优势关系超过纯种牛的产量。例如，甘肃兰州奶牛繁殖场曾先后从关中地区购入

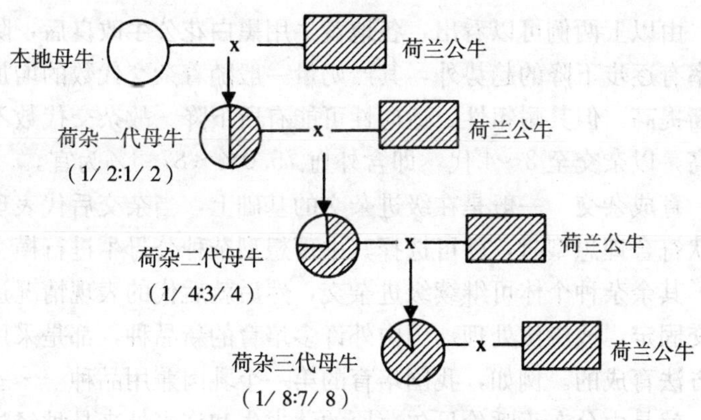

图 2-2　级进杂交示意图

127 头秦川母牛，用荷兰荷斯坦公牛进行杂交改良，以扩大兰州市区的奶牛群。据 274 个牛场统计，平均各泌乳期（305 天）泌乳量为 3 983 千克，相当于纯种荷兰荷斯坦牛同期泌乳量的 78%。比秦川牛的年平均产奶量（715.8±261.0 千克）提高 3 267.2千克，增长 356.4%。表 2-3 是该场用荷斯坦牛改良秦川牛的效果。

表 2-3　兰州乳牛场用荷兰荷斯坦牛改良秦川牛的效果*

（千克，厘米）

	产奶量**	体高	体斜长	胸围	体重
秦川母牛	715.8	124.5	140.4	170.8	381
荷兰荷斯坦母牛	5 558.5	134.9	154.4	197.4	529
荷杂一代	2 076.8	121.8	142.0	187.4	459.3
荷杂二代	4 306.8	130.9	155.3	193.7	544.5
荷杂三代	4 718.5	132.8	157.0	195.9	517.6
荷杂四代	5 109.5	132.5	145.3	196.0	556.5
荷杂五代	4 296.8	132.3	144.0	190.5	511.8

* 根据 127 个泌乳期统计；

** 荷杂一、二、三、四代牛乳脂率分别为 3.7%，3.3%，3.3%和 2.3%。

由以上两例可以看出，各地黄牛用黑白花公牛改良后，除乳脂率有逐步下降的趋势外，其产奶量一般随着杂交代数的增加而不断提高，但其耐粗性、适应性可能有所下降。故杂交代数不宜过高，以杂交至3～4代，即含外血75.0%～87.5%为宜。

育成杂交　一般是在级进杂交的基础上，当杂交后代表现的性状符合理想型时，就可选择其中理想型杂种公母牛进行横交固定，其余杂种个体可继续级进杂交，然后就后代的表现情况进行横交固定，或淘汰处理。国内外许多培育的新品种，都是采用这个方法育成的。例如，我国培育的第一个乳肉兼用品种——三河牛，就是由分布于呼伦贝尔草原的蒙古牛和许多外来品种经过半个多世纪的杂交选育而成的；我国育成的另外两个乳肉兼用品种——中国草原红牛和新疆褐牛，也是采用育成杂交的方法，分别引用乳肉兼用型的短角牛和瑞士褐牛及含有瑞士褐牛基因型的阿拉托乌牛，对本地黄牛进行长期的杂交改良，级进至三代或三代以上横交固定，经长期选育而成的。上述三个品种的乳、肉生产性能列于表2-5。表2-4是江西南昌地区用黑白花公牛改良本地黄牛的效果。

表2-4　南昌地区用荷兰黑白花公牛改良本地黄牛的效果

	测定头数	300天泌乳量（千克）	平均日产量（千克）	乳脂率（%）
本地黄牛	36	387.5	1.29	6.5
黑白花奶牛	59	2 141.0	13.70	3.22
F_1代母牛	17	2 333.6	7.13	5.0
F_2代母牛	18	3 763.0	7.78	3.3
F_3代母牛	46	3 775.0	12.54	3.25
F_4代母牛	106	3 814.5	12.58	3.44
F_5代母牛	68	3 848.5	12.71	3.34
F_6代母牛	18	3 921.5	12.82	3.21

表 2-5 三河牛、中国草原红牛和新疆褐牛的生产性能

（千克，%，厘米^2）

品种	产奶性能			产肉性能		
	泌乳量		乳脂率	屠宰率	净肉率	眼肌面积
	平均	最高				
三河牛	4 000	7 000	4.0	50～55	44～48	—
中国草原红牛	1 800～2 000	—	—	58.1	49.5	—
新疆褐牛	2 897.6	—	4.08	50.5（1.5 岁）	38.4（1.5 岁）	73.4（1.5 岁）

国外自 1960 年以后所培育的婆罗格斯（Bragus）、婆罗福特（Brafon）、肉牛王（Beefmaster）、邦斯玛拉（Bonsmara）、墨利灰（Marraygray）等品种，全是用育成杂交方法育成的，凡由两个品种育成新品种的，叫做简单的育成杂交，如美国的圣格鲁迪（婆罗门×短角牛）、婆罗福特（婆罗门×海福特）、婆罗格斯（婆罗门×安格斯）、夏勃雷（婆罗门×夏洛来）、澳大利亚的 墨利灰（短角×安格斯）等品种。用三个以上的品种育成新品种的叫做复杂的育成杂交，如美国的肉牛王（婆罗门×海福特×短角牛）、比法罗（美洲野牛×夏洛来×海福特）、南非的邦斯玛拉（非洲瘤牛×海福特×短角）、巴左娜 Bazona；海福特×圣格鲁特×安格斯）、中国的三河牛（西门塔尔×雅罗斯拉夫×霍尔莫戈尔×西伯利亚牛×蒙古牛）、新疆褐牛（瑞士褐牛× 哈萨克牛×阿拉托夫）等品种。由于多品种杂交后代具有丰富的遗传基础，故杂交效果更优于简单的育成杂交。

导入杂交　在育种过程中，如发现育种牛群还存在个别缺点，用本品种选育方法不易纠正时，可利用另一品种的优点采用导入杂交的方法以纠正其缺点，使牛群趋于理想。导入杂交的优点是不改变原来的品种名称和育种方向，保留原品种的大部分优点，而不是彻底的改造。因此，必须正确地选择改良品种，并且还应十分重视对杂交后代的选择和培育。因为导入杂交之所以不丧失引入品种的优点，其主要关键在于选种、选配和培育。

采用导入杂交时，一般导入外血量不宜超过 1/8～1/4。导入外血过高，不利于保持原品种特性。如原品种与导入品种在主要生产性能及特性方面差异不大时，在回交一代（含 1/4 外血）后就可暂时在引血群内横交；如差异过大，则应在回交二代（含 1/8 外血）后进行横交。如图 2-3。

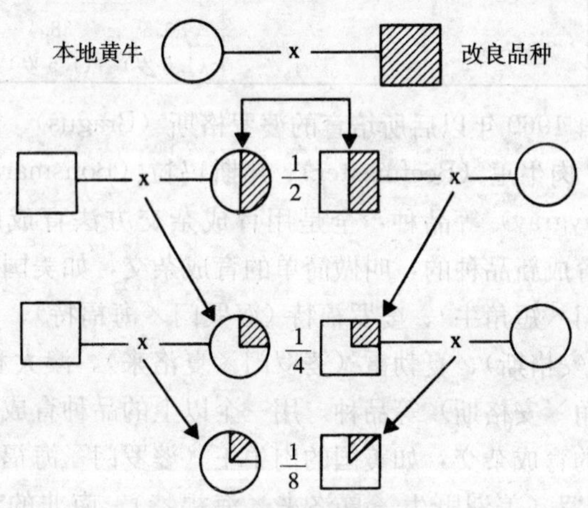

图 2-3　导入杂交图

（分数表示有改良品种的基因）

为了提高中国草原红牛的产奶性能，内蒙古赤峰地区 1985 年开始导入丹麦红牛血液。试验初步结果表明，导血一代犊牛毛色 95.6%为红色或深红色，尻部宽、长而平，原有尻斜缺点已得到明显改进；试验组母犊初生重比对照组提高 11%，较公犊明显；体高公犊提高 3.77%，比母犊明显，体长公犊提高 5.28%，亦较母犊明显。其产奶性能，据对 15 头初产牛产奶观察，4 头导血牛平均单产 1 166.5 千克（100 天产奶量），比 11 头草原红牛平均单产 873.65 千克，提高 33.54%。

经济杂交　也叫生产性杂交，多将本地黄牛应用于生产性牧

场，特别多用于黄牛改肉牛、肉用牛的改良以及奶牛的肉用生产，以获得具有高度经济价值的第一代杂种，以增加产品数量和降低成本来满足商品生产的需要。如内蒙古黑城子种畜场和畜牧研究所用利木赞公牛改良蒙古杂种牛，对杂种一代进行强度肥育，13 月龄体重达到 407.8 千克，在 82 天的肥育期平均增重 117 千克；日增重 1 429 克，屠宰率 56.7%，净肉率 47.3%。

（二）奶牛的繁殖

1. 母牛的发情

母牛发情是指母牛卵巢上出现卵泡的发育，能够排出正常的成熟卵子，同时在母牛外生殖器和行为特征上呈现一系列变化的生理和行为学过程。

（1）性成熟。奶牛从幼龄到老年，在正常情况下性活动从开始出现到旺盛，直至衰退，呈规律性的变化。当奶牛生长到一定年龄后，生殖器官发育完全，出现性行为，能产生有繁殖能力的生殖细胞——卵子，并能分泌性激素，具备了生殖后代的能力，这就是性成熟，一般奶牛的性成熟年龄为 12～14 月龄。

（2）发情周期。母牛从性成熟以后至性机能衰退以前，在没有妊娠时生殖器官及整个机体发生一系列周期性变化，这就是发情周期。从一个发情期开始到下一个发情期开始的时间间隔称一个发情周期，母牛平均为 21 天，范围 18～24 天，母牛从发情开始到发情结束这一段时间称为发情持续期，一般母牛发情持续期平均为 18 小时，范围 6～36 小时，老龄牛发情持续期较青年牛长，寒冷季节发情期较温暖季节长。

（3）发情征状。发情是母牛性活动的表现，是性腺内分泌刺激和生殖器官形态变化的结果。在发情期间，母牛由于受到体内生殖激素、特别是雌激素的作用，不但在生殖生理上发生一系列的变化，而且在采食行为、活动行为、性行为等方面出现变化，且随着发情的不同阶段呈现一定的变化规律，是牛发情鉴定的重要依据。发情期的牛主要有下列特征变化。

①爬跨现象　发情母牛在运动场爬跨其他母牛或被其他牛爬跨，特别是在发情旺盛期的母牛，当其他牛爬跨时，常静立不动，且接受交配。

②行为变化　在发情初期，母牛眼睛充血而有神，常常表现出兴奋、不安、哞叫等行为。随着发情的进行这些现象更加明显。在发情后期，母牛又从性兴奋转变为安静状态。处于发情盛期时，奶牛的食欲减退，甚至出现拒食现象，排粪排尿次数增多，泌乳量下降。

③生殖道的变化　雌激素的作用使发情母牛外阴部充血、肿胀，子宫颈松弛、充血，颈口开放，腺体分泌增多，产生黏液并从外阴部流出。阴道流出黏液的量与黏稠度通常是判断发情阶段的依据。一般情况下，发情初期，黏液较稀薄、量少；进入盛期后，黏液量显著增加，同时，黏稠度增高；而在发情后期，母牛子宫颈管逐渐收缩，腺体分泌减弱，子宫内膜逐渐增厚，输卵管分泌物也减少，阴道流出的黏液变得少而稀且略有浑浊。

输卵管随着发情的延续，上皮细胞增长，管腔扩大，分泌物增多，输卵管伞兴奋而张开、从而包裹卵巢，为受精和受精卵的发育作生理准备。

阴道出血现象是发情后期生殖道的重要生理变化。由于母牛卵巢激素分泌和子宫组织结构状态的变化，约有90%育成母牛和50%成年母牛从阴道流出少量的血，说明母牛在2～4天前发情。只要流出的血量少（只是见到血红色）、颜色正常、无异味且持续时间短（一般在3～4天），一般不会影响牛的配种繁殖。研究显示，配种后的母牛，阴道出现流血现象，妊娠的机会大于未流血牛。

④卵巢和内分泌水平的变化　在发情前2～3天卵巢内卵泡发育很快，卵泡液不断增多，卵泡体积逐渐增大，卵泡壁变薄，突出于卵巢的表面，最后成熟排卵，排卵后逐渐形成黄体。

母牛在发情阶段行为、生殖器官等的变化，主要受生殖内分泌所控制。在发情前期，下丘脑开始分泌促性腺激素释放激素，促进垂体前叶分泌促卵泡素（FSH）和促黄体素（LH）。促卵泡素分泌量和分泌脉冲的改变，促进卵巢中的卵泡生长；随着卵泡的生长，其内膜细胞分泌的雌激素量增加，反馈作用于牛的神经中枢，从而导致母牛的兴奋性增加和一系列相关行为的变化。雌激素的分泌和增加，也引起内生殖器官形态及分泌功能的变化，从而为精子进入生殖道作准备。垂体分泌的促黄体素可以促进卵巢中成熟卵泡排卵并形成黄体。黄体的主要功能是分泌孕酮，可以为母牛的受孕创造适合于胚胎生存的子宫内环境，并使母牛出现与之相关的生理变化，包括乳腺导管的发育等而有利于妊娠过程。如果未配种或未受孕，黄体在子宫分泌的前列腺素的作用下退化，从而诱导下一个发情周期的出现。卵巢上黄体发育完全到开始消退，约需 12～15 天，且往往决定了发情周期的长短。

（4）发情鉴定。准确的发情鉴定对于适时配种至关重要。通过发情鉴定，可以判断母牛是否发情，发情是否正常，发情处于什么阶段，从而确定最佳的输精时间。发情鉴定的方法很多，目前主要使用的是外部观察法和直肠检查法。

外部观察法其要点是“四看”：

①外部观察法

看神色　发情母牛敏感躁动不安，不喜躺卧。神色异常，有人靠近时，回首眸视。寻找其他发情母牛，活动量、步行数增加。嗅闻其他母牛的外阴，下巴依托牛臀部并摩擦。

看爬跨　发情牛常追爬其他母牛或接受其他牛爬跨。开始发情时，对其他牛的爬跨往往半推半就，不太接受。随着发情的进行，有较多的母牛跟随，嗅闻其外阴部（但发情牛却不嗅闻其他牛的外阴），由不接受其他牛爬跨，转为开始接受爬跨，或强烈追爬其他牛。“静立”是发情重要的标志。母牛的发情有时在夜间出现，白天不易被察觉，次日早晨该牛已处于安静状态，但从牛体表上可发现其臀部、尾根有接受爬跨造成的痕迹或秃斑，有时有蒸腾状，体表潮湿。

看外阴　母牛发情开始时，阴门稍显肿胀，表皮的细小皱纹消失展平；随着发情的延续，表现肿胀潮红，原来的大皱纹也消失展平；发情高潮过后，阴门肿胀及潮红现象出现退行性变化，发情的精神表现结束后，外阴部的红肿现象仍未消失，直至排卵后才恢复正常。

看黏液　在发情过程中黏液的变化特点是，发情开始时量少、稀薄、透明，此后发情牛分泌黏液量增多，黏性增强，储留在阴道和子宫颈口周围；发情中期，由子宫排出的黏液牵缕性强，粗如拇指；发情后期，流出的透明黏液中混有乳白丝状物，黏性减退牵之可以成丝，牛躺卧时，易观察到黏液“吊线”；发情末期，黏液变为半透明，其中夹有不均匀的乳白色黏液，最后黏液变为乳白色，状似炼乳，量少。

②直肠检查法　除了外部观察法判断奶牛的发情外，直肠检查是鉴定奶牛是否发情的另一重要手段。直肠检查法操作麻烦，技术要求高，应由专业人员操作，当奶牛发情征候不明显或长时间发情（3～5天）时必须使用直检手段。

直肠检查就是检查人员将手伸入奶牛直肠内，隔着直肠壁触摸子宫和卵巢上的卵泡发育情况以确定配种适时的方法。直肠检查时，检查者首先应剪短、磨光指甲，手臂涂润滑剂。手指并拢成锥形，缓慢伸入肛门，掏出粪便，再将手伸入肛门检查。手掌心向下，按压抚摸，在骨盆腔底部，可摸到一个长条形质地较硬的棒状物，即为子宫颈，再向下前方缓行，可摸到角间沟。沟的两旁为向前下弯曲的两侧子宫角，沿着子宫角大弯稍向下外侧可摸到卵巢。用手指检查其形状、大小，以及卵巢上卵泡的发育情况，从而判断母牛的发情。一般情况下，发情母牛子宫颈稍大而软。由于子宫黏膜水肿，子宫角坚实、体积增大，子宫收缩反应

比较明显。未发情的母牛，子宫颈细而硬，而子宫较松弛，收缩反应差。发情母牛的卵泡突出表面于卵巢，圆而光滑，触摸时略有波动。卵泡直径发育初期约 1.2～1.5 厘米，发育最大时可达 2.0～2.5 厘米。在排卵前 6～12 小时，由于卵泡液的增加，卵泡紧张度与卵巢体积均有所增大。到卵泡破裂前，其质地柔软，波动明显，有一触即破的感觉。排卵后，原卵泡处有不光滑的小凹陷即排卵窝，此后将形成黄体。

（5）异常发情。

①隐性发情　母牛发情时外部征状不明显，但卵巢上有卵泡发育和排卵，在产后母牛和育成母牛中较多，这是由于生殖激素（雌激素）分泌不足所致，这种发情只有通过直肠检查发现，并适时输精也可受胎。

②短促发情　由于发育卵泡很快成熟，破裂排卵或卵泡停止发育、发育受阻而致使奶牛发情期非常短的现象。应注意观察，不要错过配种时机。

③不发情　母牛不发情也不排卵。原因是营养不良，卵巢或子宫疾病严重的全身疾病等。高产奶牛产奶高峰期也常在产后很久不发情，这种情况除加强营养，治疗疾病外，可注射促性腺激素以恢复卵巢功能。

④持续发情　母牛经常有外部发情表现，原因是卵泡囊肿所致，可用绒毛膜促性激素或促黄体素治疗。

⑤假发情　有的母牛妊娠 3～5 个月出现发情症状，特别是接受爬跨，但阴道检查时，子宫颈口收缩或半收缩，直肠检查已妊娠。对假发情母牛要认真检查，防止盲目配种，造成流产。

（6）产后发情。母牛分娩后需要有生理恢复过程，一般需 12～56 天，难产或有其他产科疾病的母牛子宫恢复时间较长，奶牛产后第一次发情时间为 30～72 天，最短的在产后第 18 天左右即开始第一次发情，产后发情与营养水平有关，营养水平高的产后发情早，营养差的发情晚。

2. 母牛配种

（1）*初配*。初情期后的一定时期，母牛的生殖器官完全发育，达到性成熟，但身体发育尚未完成，一般不宜配种。过早的配种会影响后备母牛的生长发育，同时易发生难产等。因此，初配应选择在性成熟后的一定时期，一般在接近体成熟时进行。我国大多数地区奶牛的初配月龄为15～17月龄，母牛体重应超过350千克（约占成年体重的70%）。如果后备母牛体重已达到350千克，但小于17月龄，可适当考虑初配；但如果达到17月龄，而体重仍低于标准，则应延缓配种，加强饲养管理，待其达到标准体重后再配种。

（2）*发情母牛适配时间*。

①排卵时间　奶牛为自发性排卵动物，卵巢上的卵泡成熟后会自发性排卵。奶牛一般每次只排一个卵，也有少数一次排两个卵。奶牛的排卵时间，一般认为在发情结束后10～15小时，如果从发情前期计算，约为28～33小时。

据报道，奶牛右侧排卵率高于左侧，右侧排卵率约占55%，左侧约占35%，两侧同时排卵占10%左右。另外，产后的第一次排卵多发生在孕角对侧的卵巢上。

②卵子保持受精能力的时间　卵子在输卵管上1/3处（壶腹部）受精，过了这个部位卵子开始衰老，且不易受精，卵子通过该部位的时间一般8～12小时，因而卵子保持受精能力的时间也为8～12小时。

③精子到达受精部位的时间　活力强的精子进入母牛生殖道后15分钟左右到达输卵管壶腹部。

④精子在母牛生殖道内保持受精能力的时间　一般为30小时（24～48小时）。

根据以上情况，母牛发情后的配种时间应在发情后期。在实际生产中，根据母牛发情症状从高潮转入不明显时进行配种，也可采用早晨发情，下午配种，12小时后再配一次；下午发情，

第二天早上配种，12 小时后再配一次，进行两次配种时间，间隔 10～12 小时。

⑤适时授精时间　适时授精对受胎率影响很大。不同个体的母牛在发情及排卵等方面存在较大的差异，授精时间不能一概而论，应从以下几方面进行判断：

从发情征状判断　一般应在奶牛出现“静立”强拉丝期之后到回复期之前实施配种，其受胎率高。此时，从外观上能观察到奶牛“静立”反应，出现明显的发情征状，爬跨其他牛或接受爬跨，阴户分泌物流出量多。

从发情时期判　一般在发情后期到末期之间，临近母牛发情征状结束时，输精较为适宜。越临近母牛发情征状结束进行人工授精，受胎率越高。

从卵泡发育状况判断　通常把卵巢上的卵泡分成三个等级：一级卵泡为表面光滑，且软点不明显；二级卵泡卵泡液增多，体积增大，表面光滑有张力，直径 1～2 厘米，相当于发情中期；三级卵泡体积不增大，但软点加大，直径约 1～2 厘米，皮薄而波动，张力不大，相当于“静立”期，三级卵泡后期，触摸卵泡有一触即破感觉，此时即为最佳配种时期。

⑥产后配种时间　奶牛产后配种时间是否合适，对提高受胎率和产奶量都有一定的影响。一般母牛在产后 60～ 90 天配种的受胎率最高，此前配种的受胎率较低，这是因为母牛产后的一个时期，子宫阜表面没有上皮，要到 12～14 天时通过周围组织的增殖而开始再生，大多数牛要在产后 30 天才能完成这一组织的修复过程，而子宫完全复原（回到骨盆腔，质地、大小恢复正常，出现宫缩反应）要到产后 30～45 天。为此，一些专家建议，母牛产后应休息 60 天再配种。此时奶牛通过正常的饲养管理，子宫疾病发病率最低，复旧情况良好，受胎效果比较理想。据国外资料报道，奶牛在产后 82 天发情配种受胎率最高。对一些有很高泌乳能力的母牛，为了充分发挥其产奶性能，在分娩后

100～120 天实施配种是最经济的。

(3) 冻精解冻。解冻的基本要求是快速通过有害温度区（-30～-15℃），迅速取冻精细管在 38～40℃温水浴中，轻轻摇动 3～5 分钟，待冻精溶解 1/2 时取出，反复摇动直到全部溶解。检查解冻后活力，并保持在 1 小时内完成输精。

(4) 输精方法。按照直肠把握法将一手伸入母牛直肠内触摸并握住子宫颈，另一手持装好细管的输精器，从母牛阴门先斜向上插入 5～10 厘米，再稍向下插入到子宫颈口处，两手配合，使输精器插入子宫颈，并越过子宫颈管中的皱褶到达子宫颈深部和子宫体，然后注入精液，据统计，子宫颈深部和子宫体输精受胎率无显著差异。

3. 妊娠与分娩

(1) 妊娠诊断。妊娠诊断就是指判断母牛是否妊娠。早期妊娠诊断在奶牛生产中十分重要。其方法主要有三种：

①临床妊娠诊断

观察母牛是否返情，阴道是否有妊娠变化的特点。

腹部触诊，听诊（胎儿心音）法，超声波和 X 线检查法。

②实验室妊娠诊断　通过血（乳）孕酮的测定、检查子宫颈和阴道黏液的理化性状、外源激素试探法以及免疫学进行诊断等。

③直肠查胎法　直肠触诊子宫中动脉的强弱，卵巢上黄体、两侧子宫角粗细、弹性、下沉位置的对比，胚胎的滑膜感，子宫阜的有无，胎膜、胎水存在以及直接感到胎儿的头或四肢等。直肠查胎时应注意：

注意孕期发情。母牛配后 20 天的已怀孕的偶尔也有假发情的，直肠检查发情征状不明显，无卵泡发育，外阴部虽有肿胀表现，但无黏液排出，应慎重对待。

注意一些特殊变化，如怀双胎母牛的子宫角，在 2 个月时，两角是对称的，不能依其对称而判为未孕，正确区分怀孕子宫和

子宫积液、积脓两种不同情况。在这种情况下，最好间隔一段时期多次反复检查，并结合阴道检查进行综合正确判断。

推算预产期可采用“月份减3，日数加6”的简便方法。

例如：某头奶牛最后一次配种日期是2003年1月5日，则预产期应为2003年10月11日。

（2）保胎。母牛妊娠后要做好保胎工作，保证胎儿的正常发育和安全分娩。造成流产的生理原因有三：一是胎儿在妊娠中途死亡；二是子宫突然发生异常收缩；三是母体内生殖激素发生紊乱，母体变化失去保胎能力。

母牛妊娠两月内胚胎在子宫内尚呈游离状态，逐渐完成着床过程。胎儿由依靠子宫内膜分泌的子宫乳作为营养过渡到依靠胎盘吸收母体的营养，此时期营养过低，饲料质量低劣，子宫乳分泌不足，即会影响胚胎发育，甚至造成胚胎死亡或流产，这种情况即便犊牛出生，也会体重很小，发育受阻，容易死亡。在营养物质中主要是蛋白质、矿物质和维生素的供应，特别在冬季枯草期，母牛掉膘，严重时即可能中断妊娠。维生素A缺乏，子宫黏膜和绒毛膜上的上皮细胞发生变化，妨碍营养物质交流，母牛也易流产。维生素E缺乏，常导致胎儿死亡。胎儿血中的钙和磷都高于母体，饲料钙磷不足，往往动用母牛骨组织中的钙磷以供胎儿需要，时间一久会造成母牛因缺钙发生产前或产后瘫痪，因此应注意补充母牛的矿物质供给。对孕牛特别要注意不饲喂霉变饲料。霉变饲料易引起流产，孕牛也应防止喂霜冻草料和饮用冰水。

管理方面，孕牛要有适当运动，但不可过劳。在怀孕期间要防止惊吓、鞭打、滑跌、抵架等，特别对有流产历史的孕牛必要时要采取保护措施，服用安胎药物或注射黄体酮等。

（3）分娩与助产。母牛的分娩是一个比较关键的过程，生产中常常忽视护理工作，缺乏合理的助产措施和严格的消毒卫生制度，会造成母牛难产、生殖器官疾病、产后不孕和犊牛死亡，严重者造成母牛死亡或丧失繁殖能力。

①母牛临产征状　乳房在分娩前发育迅速、体积膨大、乳腺体充实、乳头膨胀，外阴部在分娩前一周阴唇开始松弛、肿胀、充血，皮肤皱纹逐渐展平；阴道黏膜潮红，子宫颈在分娩前1～2天开始肿胀、松软、子宫颈内部黏液塞溶解，流入阴道，从阴门处有透明黏液流出，垂于阴门外，体温在临产前12小时左右下降0.4～0.8℃，外部表现为母牛不安，回顾腹部，后躯摇晃，频频排粪排尿，食欲减少或终止，由于荐坐韧带后缘变松软，坐骨韧带也松弛，因而尾根两侧有能放一个鸡蛋大小的凹陷。

②分娩过程

开口期　从子宫开始收缩到子宫颈完全开张与阴道之间界限消失。此时母牛起卧不安，回顾腹部，尾根举起，常作排粪尿状态，食欲停止或减少，有时哞叫。子宫开始收缩，开始收缩时间短、间歇时间长，以后收缩时间延长，间隔时间缩短，腹壁有轻微努责，胎膜和胎水被推向子宫颈，使它逐渐张开，随后胎囊进入子宫颈管内使子宫颈完全张开，此期胎儿转变成分娩时的胎位和胎势，时间约为2～6小时。

产出期　从子宫颈完全张开到胎儿产出。这时母牛兴奋不安，努责加强，多数母牛卧地，努责时四肢伸直，子宫收缩时间长，次数增多，间隔时间更短，胎囊由阴门露出，羊膜破裂后，胎儿前肢和唇部开始露出，再经过强烈努责后胎儿排出，此期约为0.5～4小时。

胎衣排出期　胎儿排出后，子宫还在继续收缩，同时轻微努责，使胎衣排出，此期为4～6小时，最长不要超过12小时。

③助产　目的是观察分娩过程，若有异常情况，应及时矫正，适当护理胎儿；保护母牛产道，防止损伤和感染疾病。

正常的分娩，母牛可自然产出胎儿，不需过多帮助，对初产牛，倒生或分娩过程较长的个别母牛要进行助产，在胎膜已露出而不能正常产出，应检查胎儿的方向、位置和姿势是否正常，如

果是正常可自然分娩，如果是倒生，当后肢露出就要及时配合母牛的努责拉出胎儿。胎儿头部通过阴门时，要保护阴门和会阴部，同时用手握住胎儿下颌，配合母牛努责，左右交替用力，顺着骨盆产道的方向慢慢拉出胎儿。如胎儿位置不正将胎儿推回子宫内矫正后，再拉出胎儿。胎儿产出后立即擦净口、鼻部黏液，脐带距犊牛腹部6～8厘米处剪断、消毒，及时取走排出的胎衣，并检查是否完整。

④产后护理　产后母牛喂给适量温热的麸皮盐水，消除地面污物，铺上新鲜麦秸或刨花作垫草。尽早训教犊牛吮食初乳，冬春季要特别注意新生犊牛的保温，以防其体温调节能力差而冻伤或受凉，及早采取积极预防措施，减少各种疾病的发生。

（4）奶牛助产时的注意事项。首先，助产时应保持产房安静、干燥、卫生和舒适。

其次，做好助产前的一切准备工作。注意应急事变，准备好接产药物、器械及用具（消毒液、碘酒、纱布、毛巾、体温表、听诊器及产科绳等）。注意临产母牛后躯的消毒卫生工作，用温水毛巾洗净母牛外阴、后躯及尾根周围污物，拴住牛尾巴，最后用消毒液洗净牛后躯，等待分娩。

第三，密切观察母牛的分娩预兆及胎势。一般牛多在夜间分娩，因此要加强夜间值班。奶牛应以自然分娩为主，只要发现胎儿三件（唇和二蹄）露出阴户，不要过多干预，让其自然分娩。

第四，当看到胎儿三件已露出阴门外时，如上面盖有羊膜尚未破裂，要立即将其撕破，使胎儿的鼻、嘴端露出，并擦净鼻子和嘴内黏液，以利呼吸，防止窒息，但也不要过早地撕破羊膜，以免羊水流失过早。最好收集羊水，让母牛饮用对防止胎衣不下有良好作用。

第五，注意接产的规范操作。遇到产道狭窄母牛，尤其是头胎青年牛，在进行人工助产牵拉胎儿时，切忌用力过猛过大，以防产道撕裂。

第六，注意掌握接产时机，既不可提前，也不可延迟。母牛羊膜未破或子宫颈未完全开放时，切忌提前接产；羊水破后1小时必须接产。遇到胎儿倒生，要迅速拉出胎儿，因为倒生胎儿脐带可能被挤压在胎儿和骨盆之间，妨碍脐带内的血液流通，供氧中断，使胎儿出现反射性呼吸，吸入羊水而使胎儿窒息。遇到胎势不正时，必须耐心矫正。生产中有时碰到胎儿两前（肢）蹄先露出阴户，而头颈弯曲在母牛骨盆腔内，此时，切不可操之过急。可先将两前蹄的系部拴好绳子，然后将两前蹄送入骨盆腔，矫正头颈姿势，使用手或产科器械再将胎儿的两前肢及头部一起拉出母牛体外。在二者不能兼顾时，弃犊保母。

第七，小犊牛产出后，还应观察胎衣排出情况。注意新生母牛卧地姿势，后躯不能过于低斜，防止强烈努责而造成子宫外翻，如遇子宫外翻必须迅速进行复位，然后可套上事先准备好的阴户外套或肌注镇静剂或将阴户缝合。对预感有胎衣滞留现象的牛，在产后5分钟内注射缩宫素，以尽快排出胎衣。

第八，犊牛生出后，用一般浓度的碘酒对脐带消毒，称重，并挖去刚生犊牛的软蹄底将其放在保暖、有垫草、清洁、安全的地方，夏季还应防止中暑。母牛立即喂饮温热红糖水，也可喂温热麸皮盐水或益母草水流浸。及早更换污秽的垫草。

4. 提高奶牛繁殖力的措施

提高奶牛繁殖就是提高母牛的受配率、受胎率和犊牛的成活率，应根据影响奶牛繁殖力的主要因素，采取相应的措施。

（1）影响奶牛繁殖力的因素。

①遗传因素　繁殖力受遗传因素的影响，品种不同，繁殖力差异很大，即使同一品种，由于遗传素质不同，个体之间繁殖力不同。一般来说，繁殖力高的个体的后代，其繁殖力也高。如双胞胎个体的后代产双胎的可能性明显大于独生个体后代。

②季节与环境温度　高温对奶牛的繁殖有严重的负面影响。据统计，夏季奶牛发情期受胎率比冬季奶牛受胎率平均低30%

左右。季节对奶牛的发情也有影响，特别对放牧奶牛影响比较明显，夏季炎热和冬季严寒时，牛的繁殖力最低，死胎率明显增高。春、秋两季气温适宜，光照充足，繁殖效率最高。

③年龄与胎次　奶牛一般在2～2.5岁产头胎并开始产奶，此时其身体尚未发育完全，性机能还不十分健全。随着年龄和胎次的增加，机体逐渐发育成熟，繁殖力逐渐提高，发情征状也趋于明显，性周期规律化，以后随着机体衰老繁殖力下降。实践表明，经产母牛受胎率高于初产母牛，2～7岁成年母牛繁殖性能最好。所以，应抓住母牛2～8岁这个关键时段，避免空怀。

④泌乳量高低　泌乳量的高低也影响母牛产后发情及配种的受胎率。对于高产母牛，由于产后60天左右机体处于严重的负平衡状态，如果摄入营养不足，出现膘情差，卵巢机能不全，发情不明显或不发情，从而影响其繁殖性能。因此，对于泌乳高产奶牛，应加强精料供给，精心饲养。发情不明显或不发情的高产母牛应多留心观察，以免错过发情期。

⑤营养水平　营养水平低，尤其是蛋白质、矿物质、维生素缺乏，母牛膘情太差，都影响母牛不发情或发情不明显；营养过剩，又会发生卵巢囊肿等疾病及引起死胎现象，影响繁殖力。因此，要使母牛正常发情必须调整营养水平，抓住母牛增膘措施，特别是带犊母牛应加强饲养管理。

⑥疾病　繁殖力高的母牛，必须保持健康的体质，患子宫炎、生殖道感染、肢蹄疾病、寄生虫病、消化道疾病母牛受胎率都较低，因此，应做好饲养场地环境清洁卫生，减少疾病传播。

（2）提高奶牛繁殖力的措施。

①采取适时配种和娴熟的配种技术　配种时间以及配种技术对奶牛的受胎率影响很大。由于奶牛发情持续时间很短，约18小时左右，因此应抓住适宜的配种时间，奶牛的最佳时期应在排卵前7～8小时，即发情“静立”的12～20小时，受胎率最高。输精操作技术规范熟练，输精器械消毒彻底，保持母牛生殖道清

洁卫生，都能促进母牛受胎。

②克服和减少母牛的繁殖障碍　对于不发情、异常发情、子宫内膜炎、屡配不孕、受精障碍、胚体、胎儿生长、死亡等繁殖障碍母牛，应积极预防。对于先天性和生理性不孕，如母牛生殖器官发育不正常，子宫颈狭窄，位置不正，阴道狭窄、两性畸形，异性孪生犊、种间杂交后代不育，幼稚病应注意选择、淘汰，能治疗的做好综合防治和挽救工作，以减少无繁殖能力奶牛头数。

③供给全面均衡的饲料　全面均衡的营养供给是保证奶牛繁殖力的重要措施。在整个奶牛饲养期间都应保持中上等体况，从而提高其繁殖力。

④采取必要的防暑降温措施　高温季节应适当增加饲料浓度，选择营养价值高的青粗饲料，延长饲喂时间，增加饲喂次数，降低牛舍温度，采取排热降温措施。

⑤运用繁殖新技术　近年来，随着胚胎工程技术的发展，繁殖技术在提高母牛的繁殖力上已发挥出重要作用。比如同期发情、超数排卵、体外受精和胚胎移植等新技术的运用，加快了奶牛的繁育速度，提高了良种数量。

⑥进行早期妊娠诊断　通过有效的早期妊娠诊断，及早确定母牛是否妊娠，防止失配空怀。对已确定妊娠的母牛，应采取保胎措施，使胎儿正常发育，防止孕后发情造成误配。对未孕牛，应认真及时找出原因，采取相应措施，不失时机地补配，缩短空怀时间。

三、饲料调制技术

（一）青贮饲料

青贮饲料是以新鲜的青刈饲料作物（牧草、野草、玉米秸、各种藤蔓等）为原料（单做或混合均可），切碎后装入青贮窖或青贮塔内，隔绝空气，经微生物的发酵作用制成的饲料。

1. 青贮饲料的特点

（1）能有效保存青贮原料的养分。一般青绿饲料青贮后营养价值仅降低3%～10%，且能有效保存原料中的蛋白质、维生素等营养物质。

（2）能保证青饲料全年均衡供应。青饲料生长期短，成熟快，很难做到一年四季均衡供应。尤其在冬季，气候寒冷，青饲料不易生长。经过青贮处理，可以弥补青饲料利用上的时差、季差缺陷。盛产期制作青贮，断青季节开始饲喂，可保证全年青饲料均衡供应。

（3）适口性好，易消化。在青贮过程中，微生物发酵会产生大量乳酸和芳香气味；青贮饲料柔软多汁，适口性好；混合青贮可提高秸秆的消化利用率。

2. 青贮饲料的调制

青贮是一种利用微生物的发酵作用，长期保存青绿多汁饲料的营养特性，扩大饲料来源的简单、可靠而经济的方法。玉米、高粱在籽实收获后，可立即加工制成青贮饲料。近年来国外也有用刚脱粒后的鲜稻草制作青贮饲料。青贮的原理是利用乳酸菌的厌氧发酵，使饲料中的糖类转化为乳酸，而乳酸的产生使酸度增大，抑制了其他微生物的繁殖，当pH达到4.2时，青贮饲料中的微生物（包括乳酸菌本身）在厌氧条件下，几乎完全停止活动，使青贮饲料能够长期保存。

（1）对青贮原料要求。

①适量的碳水化合物　青贮原料必须具有一定量的糖分，因为糖分是乳酸菌繁殖形成乳酸的必要原料，糖含量不宜少于1.0％～1.5％，否则影响乳酸菌的正常繁殖，不能制成优质青贮料。禾本科青饲料含糖分多，如玉米秸、饲用高粱秆、黑麦草、天然野青草、甘薯秧等，都是制作青贮的良好原料。豆科牧草含蛋白质多而糖分少，必须与禾本科青饲料混贮，否则难以青贮。实际生产中，玉米秆青贮大多利用收穗后剩余植株制作，如利用乳熟至黄熟期全株带穗青贮，则效果更好，而且其单位面积的总能量和蛋白质产量比收籽实要多得多。

②适宜的水分　水分不足，青贮时难以压实，空气排不尽，难以形成厌气环境，往往使腐败菌和霉菌大量繁殖，青贮窖内温度升高，养分损失较多。水分太多则糖分稀释，青贮品质差。一般含水以65％～70％为宜，铡短后能用手揉成团，一松手又能散开，表示水分适宜。

③切短　一般以2～3厘米为宜。装填时应踏实压紧，排尽其中的空气。压踏紧实的青贮饲料，发酵过程中温度最高不超过38℃。

适期青刈，不但可以在单位面积上获得最大营养物质产量，而且水分和可溶性碳水化合物含量适当，有利于乳酸发酵，易于制成优质青贮料。一般地说，植物体随着生长发育，其干物质产量是不断增加的，但养分含量却呈下降趋势。

（2）青贮方法。

①青贮容器的准备　即准备青贮窖（图3-1）、青贮塔（图3-2）或塑料袋等。青贮塔是砖和水泥结构，密封性能好，养分损失少。青贮窖有地下式（图3-3）和半地下式（图3-4）两

种，前者适于地下水位较低、土质较好的地区，后者适于地下水位较高或土质较差的地区。窖址应选在地势高燥、排水畅通、离牛舍较近的井阔地带。青贮窖可以建成圆柱形或长方形，四壁要光滑。长方形的四角应呈半圆形，似锅底状，宽与深的比例以1∶1.5～2.0为宜，以使青贮料能均匀下沉，易于踏实压紧。如果用塑料袋青贮，一定要妥善保存，防止漏气。一般青贮窖每立方米容积可青贮饲料500～600千克。

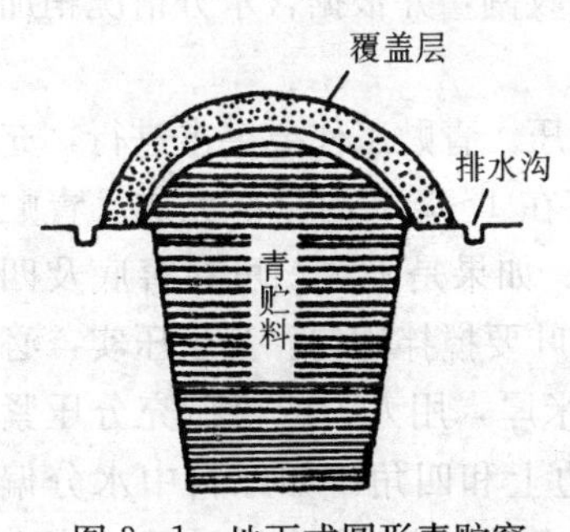

图3-1 地下式圆形青贮窖
(纵切面)

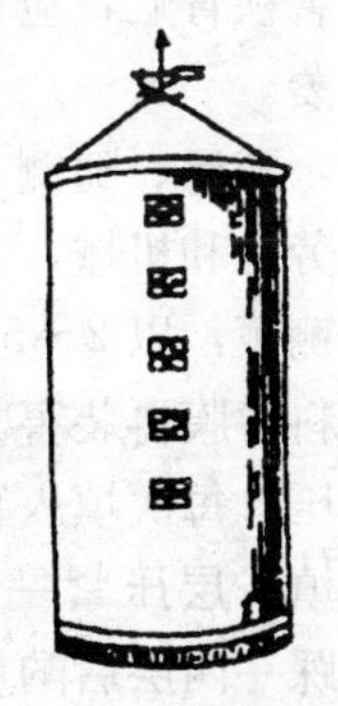

图3-2 青贮塔外形

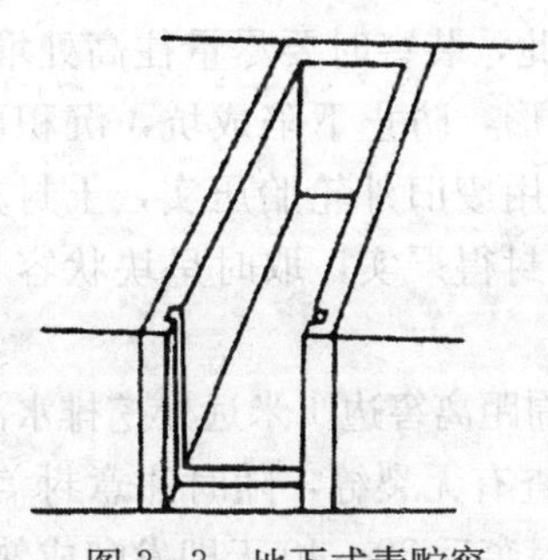

图3-3 地下式青贮窖
(出口处装槽板)

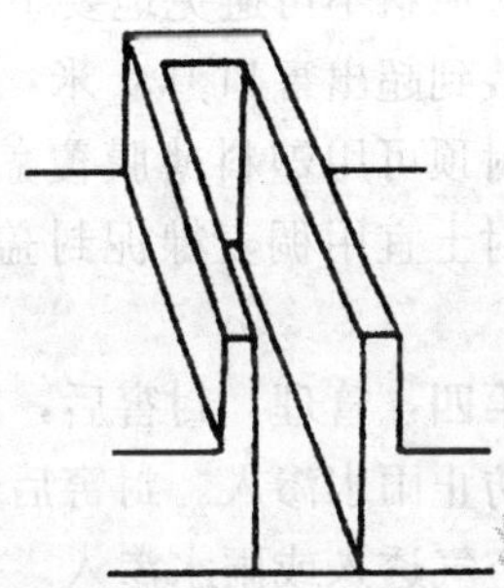

图3-4 半地下式青贮窖

②制作要点 青贮成功的关键是形成密闭厌气环境，使乳酸菌迅速繁殖。

第一，原料要适时收割。即植物体越粗老，所含养分就越少，而在幼嫩期，植物体营养最好。但从单位面积营养物的收获量最大原则出发，还是蜡熟期（玉米）或抽穗期（高粱）收刈最好，过早过迟都不好。我国农区玉米种植面积很大，利用全株玉米青贮在一些地方实施多年，效果理想。但大面积大规模推行全株玉米秸秆青贮尚有一定困难，而利用收获后半绿的玉米秸秆青贮，则前景广阔。如用收穗玉米秆为原料，应在收穗后立即收割；用甘薯秧青贮，应在霜打之前收割，并根据含水分情况稍加晾晒至凋萎。

第二，随运、随铡、随装、随压。青贮工作要突击进行，充分组织好劳力和机械，力争一个窖在1～2天内全部完成。青贮料应尽量铡短，以2～5厘米为宜。如果是土窖，可在窖底及四周铺上塑料薄膜再装窖。装窖时茎叶要搅拌均匀。为了压实，必须随装随压，每次填入窖内20厘米厚，用人力或机械充分压紧踏实。每填一层压紧一层，注意边上和四角。如原料中水分偏少，可在踩一两层后酌量均匀加入净水，窖下层加水宜少，窖上层可略多一些。

第三，封窖。封窖是否严实，也是青贮成败的关键。青贮过程中，原料不可避免地要下沉。因此，装窖时要尽量往高处堆，直至装到超出窖口0.5米，呈馒头形，防止下陷成坑，沉积雨水。封顶可用塑料薄膜覆盖，然后用废旧外轮胎压实，土封亦可。封土宜用稠麦糠泥封盖，这样封得严实，取时呈块状容易除去。

第四，管理。封窖后，应在四周距离窖边1米远处挖排水浅沟，防止雨水渗入。封窖后经常检查有无裂缝，随时注意封盖，以防空气透入或雨水渗入。一般在封窖后30～40天即发酵成熟，可开窖喂用。

为补充青贮饲料中蛋白质不足，奶牛用青贮料可在调制青贮时加入适量尿素。主要为是玉米青贮补充氮素。加尿素非常方

便，但必须混合均匀。尿素添加量为1吨青贮玉米添加4.5千克，超过0.75%会影响青贮品质。同时，尿素一定要配制成一定浓度（通常为38%）的溶液，均匀喷洒于青贮原料中。

3. 青贮料的品质鉴定及饲喂技术

（1）青贮料的品质鉴定。青贮料的品质优劣与青贮原料、收刈时间和青贮技术等密切相关。正确青贮，一般经30天左右的乳酸发酵即可开窖取用。取用时，必须进行品质鉴定。目前生产上普遍采用的是感官鉴定法，即根据青贮料的颜色、气味、口味、质地、酸度等指标，通过感官评定其品质好坏的方法。这种方法简便、迅速，不需要仪器设备。现简要介绍如下：

①颜色　优良青贮料应为青绿色或黄绿色，有光泽，近于原色；黄褐色或暗绿色者为中等；黑色、褐色或暗墨绿色为劣等。

②气味　优良青贮料具有芳香酒酸味；若香味淡、有刺鼻酸味，则品质居中；具特殊腐臭味或霉味者为劣，不可用来饲喂奶牛。

③口味　无苦味，有酸香味者为佳。

④质地　茎、叶、花仍保持原状，不成团，不烂不黏，要求松散、柔软、湿润。

⑤酸度　可以用石蕊试纸测定，以pH4～5为好，pH大于6时，则属低劣品。

（2）青贮料的饲喂技术。

①取用方法　总的原则是根据奶牛每天的需要量来决定取用多少，每次至少应从上到下平取6厘米厚的一层，且随取随盖，防止透气和泥土落入。圆形窖取用应避免挖取；长方形窖应注意不要把顶土全部揭去，应分段（60～100厘米为宜）揭顶取用。窖壁及四角如有霉坏的青贮料，应舍弃，不可饲喂奶牛。

②青贮料的喂量　青贮料的喂量，与畜种、年龄及生产力等有关（表3-1）。

表3-1　各类牛饲喂青贮料标准

畜　　种	产奶成年母牛	小母牛	公　牛	肥育牛
日饲量（千克/100千克体重）	5～6	2.5～3	1.5～2	4～5

（3）饲喂青贮料应注意的问题。首先应当说明，虽然青贮料能有效保存原料中的营养成分，但它毕竟还是粗饲料，在日粮中只能占饲料干物质的一半或稍少，母畜和种公畜喂量更不能高于这个标准。喂青贮料后，还应喂给奶牛适量的精料和干草。

其次是奶牛初次采食青贮料，先少喂为宜，适应几天后，即可习惯采食。不要把奶牛初次不食青贮料误认为是青贮料不能吃。

再就是采食霉烂或冰冻的青贮料会导致母牛流产。因此，劣等霉烂青贮料应弃掉不要，而冰冻青贮料应待融化后再喂。

另外，用苜蓿青贮料喂养奶牛，要禁忌单用，应该和干草一并喂给，尤其是开窖后第一次不宜多喂。初喂时要由少而多，逐渐换草，这样可以避免奶牛患臌胀病或消化不良等症。

（二）氨化饲料的制作

作物秸秆是奶牛的重要饲料来源。然而，秸秆含有大量粗纤维，直接做饲料适口性差，消化率低。通过简单的氨化处理，可以使秸秆成为具有较高营养价值的饲料（氨化饲料），从而节约大量精料，降低成本，提高奶牛经济效益。进行秸秆氨化常采用尿素、碳铵、氨水和液氨等原料做氨源。氨化的作用就在于打开秸秆类粗饲料中纤维素与木质素之间的结合，使木质素和纤维素分开，达到易消化吸收的目的。秸秆氨化技术适用于含粗纤维高、粗蛋白质低的禾谷类秸秆，如麦秸和稻草，主要是麦秸。

秸秆氨化后，质地变得松软，且有一定的糊香味，从而改善了秸秆的适口性，提高了牛的采食速度和采食量。由于秸秆氨化

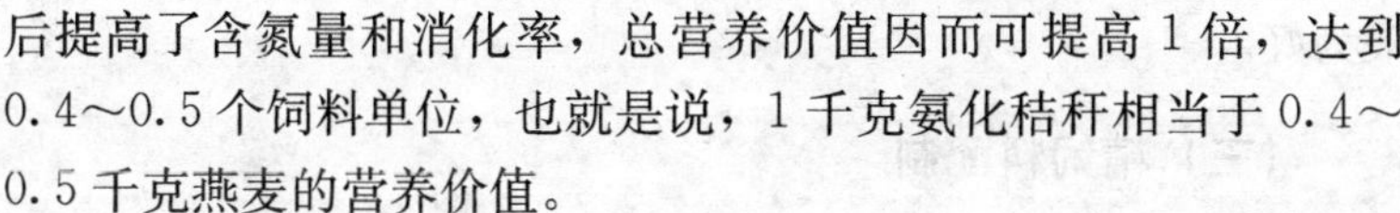

后提高了含氮量和消化率，总营养价值因而可提高 1 倍，达到 0.4～0.5 个饲料单位，也就是说，1 千克氨化秸秆相当于 0.4～0.5 千克燕麦的营养价值。

生产实践中，秸秆氨化的方法很多。有条件时可将麦秸垛密封后通进氨水或氨气，达到一定浓度后封口。在农村，最简便实用的方法是利用尿素来氨化。利用尿素做氨源，可采取堆垛或氨化池等方式进行氨化。操作步骤如下：

1. 选址、准备原料

采用地面堆垛法，首先要选址于地势平坦、高燥处，准备好塑料布，也可用水泥池或塑料袋做容器。水泥池的容积可按 1 米^3 装 140 千克氨化麦秸来计算。麦秸要充分铡短，以 2～3 厘米为好。另外准备好尿素、水及用具。

2. 配制尿素溶液

根据秸秆的重量称取尿素，尿素用温水溶化配成溶液，用水量为风干秸秆重量的 60%～80%，即每 100 千克秸秆，用 4～5 千克尿素，60～80 千克水。

3. 混匀、装实、密封

将配制好的尿素溶液加入秸秆，充分搅拌均匀，然后装入氨化池或堆垛，并踩实。最后用塑料布密封，周围用土封严，确保不漏气。装袋也要装实，装满后扎紧袋口放置即可。

4. 氨化时间

氨化时间长短取决于环境温度，温度在 0～5℃，氨化时间为 8 周以上；5～15℃，2～4 周以上；20～30℃，1～2 周；30℃以上，1 周以内。一般来说，夏季 2 周，冬季 4 周。

5. 取用

制作好的氨化饲料，只要不开窖，在窖中可长时间保存，饲喂时打开窖的一端，取后封好。一般是今天取明天喂，放置 24 小时，让余氨挥发。开始少喂，逐渐增加，由少到多，逐步使奶牛适应。饲喂氨化饲料宜以青年育成牛为主，妊娠母牛少喂或不喂为好。

（三）精饲料配制

精饲料也称精料补充料，与粗饲料、青干草一起饲喂奶牛。因此，每一个精料配方都有相应的粗饲料喂量。

1. 犊牛料

犊牛用饲料分为哺乳期饲料和3～6月龄饲料。犊牛于2～3月龄内使用的饲料为哺乳期料，此时期犊牛的瘤胃尚未发育，养分的消化吸收过程均由皱胃及以下的消化道进行，这种饲料CP20％，TDN以75％为宜。3～6月龄是犊牛由采食高能量饲料过渡到常规饲料的时期，此期饲料CP占18％。犊牛用饲料配方见表3-2、表3-3。

表3-2 哺乳期犊牛用饲料配方（％）

原料 \ 配方	A	B	C	D	E	F
玉米	48	49	45	44	54.5	51
高粱	10.5	10	10	8.9	8.6	—
大豆粕（CP44％）	29.7	26.7	26	20	29.4	32
脱皮豆粕（CP49％）	—	—	—	13.5	—	—
亚麻油粕	—	—	5	—	—	—
麸皮	3.4	4	4.6	4.7	1	—
苜蓿粉	2	2	2	2	1	5
鱼粉	—	2	—	—	—	—
糖蜜	3	3	3	2	2	10
牛油	—	—	1	1.5	—	—
磷酸二钙	1.8	1.7	1.7	1.7	1.8	1.0
碳酸钙	0.8	0.8	0.9	0.9	0.9	—
盐	0.5	0.5	0.5	0.5	0.1	0.1
预混剂	0.3	0.3	0.3	0.3	0.3	—
合计	100	100	100	100	100	100

表 3-3 犊牛用饲料配方（%）

原料＼方配	G	L	J	K	L	M
玉米	52.0	—	18.0	—	39.0	—
麸皮	—	15.0	30.0	—	—	—
大麦	—	62.0	20.0	50.0	—	34.9
米糠	20.0	—	—	30.0	15.0	15.0
大豆粕	19.5	5.0	10	6.0	10.0	—
花生粕	—	14.5	5.0	5.0	8.0	15.0
菜籽粕	—	—	4.0	5.0	—	7.0
干甜菜渣	5.0	—	10.0	—	—	5.0
复合添加剂	1.0	1.0	0.5	1.0	0.85	1.0
磷酸氢钙	0.9	0.73	0.70	1.0	0.7	0.60
石粉	1.25	1.37	1.40	1.50	1.2	1.15
食盐	0.35	0.40	0.40	0.45	0.25	0.35
苜蓿干草粉	—	—	—	—	25.0	
豆秸粉	—	—	—	—		20.0

注：其中配方G—K用于1～3月龄犊牛，每千克干物质中含产奶净能7.0～7.5兆焦，粗蛋白质160～170克；配方L—M用于4～6月龄犊牛，每千克干物质中含产奶净能6.5～7.0兆焦，粗蛋白质150～160克。

2. 育成牛饲料

育成母牛料为7～24月龄的母牛用料，配方见表3-4和表3-5。

表 3-4 7～12月龄育成牛饲料配方（千克/天）

原料＼例	C	D	E	F	G	H
小麦秸或大麦秸	1.5	2.5	—	—	稻草 5.0	—
青草	—	—	22	15.0	—	—
玉米秸	—	5.0	—	—	—	2.5
甜菜渣或甘蔗渣	—	—	—	—	2.5	—
整株玉米青贮	15.0	—	—	—	—	10.0
酒糟或玉米糟	—	—	—	7.0	—	4.0

（续）

原料 \ 例	C	D	E	F	G	H
小麦麸	1.5	2.0	—	—	糖蜜 1.0	—
米糠	0.5	—	1.0	2.5	1.0	—
棉籽饼	—	—	0.5	—	1.0	0.50
菜籽饼	—	—	1.0	—	0.5	0.50
尿素	0.05	0.04	—	0.04	—	—
食盐	0.03	0.03	0.03	0.03	0.03	0.03
磷酸钙	0.15	0.15	0.12	0.13	0.17	0.12
石粉	0.22	0.23	0.20	0.25	0.15	0.25
复合添加剂	0.05	0.05	0.05	0.05	0.05	0.05

注：复合添加剂每千克提供：维生素 A 5 000～10 000 国际单位，维生素 D 1 500～2 000 国际单位，维生素 E 800～1 000 国际单位，铁 2～2.5 克，铜 0.2～0.3 克，锌 3.0～4.0 克，锰 1.0～1.5 克，碘 25～30 毫克，硒 5～10 毫克，钴 40～60 毫克，矿物质用硫酸盐提供。

表 3-5　13～24 月龄育成母牛饲料配方（千克/天）

原料 \ 例	I	G	K	L	M	N
小麦秸或大麦秸	2.5	3.0	—	—	稻草 7.5	—
青草	—	—	28.0	15.0	—	—
玉米秸	—	6.5	—	—	—	5.0
甜菜渣或甘蔗渣	—	—	—	—	5.0	—
整株玉米青贮	24.0	—	—	—	—	20.0
酒糟或啤酒糟	—	—	—	20.0	—	5.0
小麦麸	1.0	1.0	—	1.0	糖蜜 1.0	—
米糠	糖蜜 0.5	—	—	糖蜜 1.0	0.5	—
棉籽饼	—	—	—	—	0.5	0.50
菜籽饼	—	0.25	1.0	—	0.5	0.50
尿素	0.05	0.07	—	—	—	—
食盐	0.03	0.03	0.03	0.03	0.03	0.03

（续）

原料＼例	I	G	K	L	M	N
磷酸钙	0.12	0.10	0.12	0.15	0.12	0.17
石粉	0.20	0.15	0.15	0.17	0.20	0.20
复合添加剂	0.05	0.05	0.05	0.05	0.05	0.05

注：复合添加剂每千克应提供：维生素 A 4 000～5 000 国际单位，维生素 D 1 500～2 000 国际单位，维生素 E 800～1 000 国际单位，烟酸 500～1 000 毫克，泛酸 50～70 毫克，铁 2～2.5 克，铜 0.2～0.3 克，锌 3.0～4.0 克，锰 1.0～1.5 克，碘 25～30 毫克，硒 5～10 毫克，钴 40～60 毫克，矿物质用硫酸盐提供。

3. 干乳牛饲料

干乳牛饲料营养需求 CP13%，DCP10%左右，TDN68%～70%，配方见表 3-6。

表 3-6　干奶乳牛饲料配方表（%）

原料＼例	A	B
玉米	38.3	43.3
高粱	16.4	21
大豆粉	4.2	7
麸皮	17	9
脱脂米糠	3	7
苜蓿粉	13	4.3
糖蜜	5	5
磷酸二钙	0.7	0.5
碳酸钙	1.7	2.2
盐	0.5	0.5
维生素矿物质预混剂	0.2	0.2
合计	100	100

4. 泌乳牛饲料

乳牛饲料中精饲料占的比例较高，粗饲料的品质差异较大，乳牛的体重、产乳量、乳的成分等均因个体而差异很大，因此对泌乳牛的饲料配方设计较为复杂。为保持瘤胃的正常发酵作用，且维持乳牛的产乳量而不降低乳脂率，粗饲料是绝对不可缺少的，而粗饲料占饲料总量的百分比是一个十分重要的问题。据专家多年来的研究，一致认为适当的粗饲料与精饲料的比例，应为70∶30～30∶70。目前泌乳牛饲料成分含量以CP16％～17％，TDN70％～72％较普遍。配方见表3－7、表3－8。

表3－7　泌乳牛配方（％）

例 原料	A	B	C	D
玉米	34.0	36.0	41.2	41.9
高粱	12.0	17.0	20.0	20.0
大豆粕（CP44％）	17.0	18.0	15.0	6.0
大豆粕（CP49％）	—	—	4.0	—
麸皮	15.3	10.0	7.3	11.0
米糠	5.0	—	—	6.0（玉米筋料）
脱脂米糠	—	6.3	—	1.5
苜蓿粉	8.5	4.4	4.0	5.0
糖蜜	5.0	5.0	5.0	5.0
二磷	0.5	0.3	1.1	1.1
碳酸钙	2.0	2.3	1.7	1.7
盐	0.5	0.5	0.5	0.5
预混剂	0.2	0.2	0.2	0.3
合计	100	100	100	100

表3－8　泌乳牛典型饲料配方（千克/天）

原料名称	1	2	3	4	5	6
小麦秸或大麦秸		6.5			稻草6.0	苜蓿干草
青草			7.0			5.5
玉米秸				5.0	豆荚4.0	3.5
甜菜渣或甘蔗渣	3.0			3.0		
整株玉米青贮	20.0		25.5	20.0		20.0

（续）

原料名称	1	2	3	4	5	6
酒糟或啤酒糟	13.0	8.0		5.0		
工米	2.0	6.0	3.5	1.5	5.0	2.5
小麦麸	1.0	2.5		1.0		2.0
米糠	糖蜜 1.5		4.0	糖蜜 1.5	2.5	
棉籽饼		花生饼			0.5	
菜籽饼		1.0			1.5	0.50
尿素	0.05	0.05	0.05	0.10	0.05	0.05
食盐	0.05	0.05	0.05	0.05	0.05	0.05
磷酸钙	0.10	0.10	0.15	0.15	0.15	0.10
石粉	0.25	0.25	0.25	0.20	0.20	0.20
复合添加剂	0.20	0.20	0.20	0.20	0.20	0.20

注：复合添加剂每千克应提供：维生素 A 4 000～5 000 国际单位，维生素 D 1 500～2 000 国际单位，维生素 E 800～1 000 国际单位，烟酸 500～1 000 毫克，泛酸 50～70 毫克，铁 2～2.5 克，铜 0.2～0.3 克，锌 3.0～4.0 克，锰 1.0～1.5 克，碘 25～30 毫克，硒 5～10 毫克，钴 40～60 毫克，矿物质用硫酸盐提供。

反刍动物瘤胃中的微生物利用非蛋白氮合成蛋白质，因此人们利用尿素作为有效的蛋白源，但如使用不当易引起氨中毒，一般尿素用量以不超过日粮干物质 1.5％为宜。

（四）全混合日粮（TMR）饲养技术

全混合日粮（TMR）饲养技术是一种对奶牛各个生长阶段均适用的饲养方式，在相应配套技术措施和性能优良的 TMR 机械的基础上，能够保证奶牛所采食的每一口饲料都是精粗比例稳定、营养浓度一致的均匀全价日粮。采用全混合日粮（TMR）可以避免奶牛挑食、便于控制饲料成本等。TMR 饲喂技术在养牛业比较发达的以色列、美国、意大利、加拿大等国已经得到普遍使用，我国一些大中城市和养牛规模较多的地区正在逐渐推广应用。

1. 全混合日粮（TMR）

TMR 是英文“Total Mixed Ration”三个单词的第一个大写字母，中文含义为“全混合日粮”。实际上，就是根据奶牛不同泌乳阶段的营养需要，将奶牛的粗饲料、精饲料、青贮饲料以及各种饲料添加剂按照适当的比例混合在一起，以满足奶牛对于各种营养的需要。饲喂 TMR 日粮可简化饲料配制程序，增加奶牛的干物质进食量，提高饲料的利用率，进而提高奶牛的产奶量。

TMR 配制应精、粗比例合理，营养素间搭配合理，过瘤胃蛋白、过瘤胃脂肪要适量，注意矿物质平衡（钙磷比为 1.5～2.0：1），水分含量适当（40%～50%），能量蛋白比合理。

TMR 配制要保证适口性好、成本低、经济合理。

2. TMR 制作工艺流程

TMR 制作要根据奶牛场实际情况，考虑泌乳阶段、产奶量、胎次、体况、饲料资源特点等因素合理配制配方。依据各牛群的规模大小，每个牛群应有各自的 TMR，或者制作基础 TMR＋精料（草料）的方式满足不同牛群的需要。此外，在 TMR 饲养技术中能否对全部日粮彻底混合是非常关键的，因此，牧场必须具备能够进行彻底混合的饲料搅拌设备。

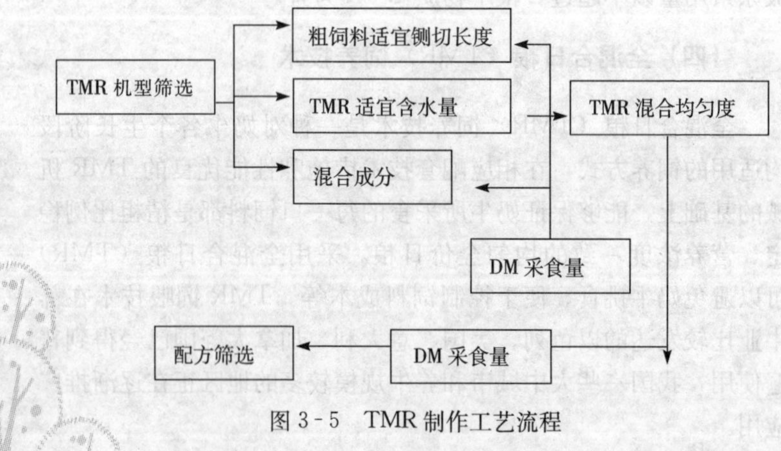

图 3-5 TMR 制作工艺流程

3. 奶牛全混合日粮饲喂技术的优点

TMR的应用，可大幅度提高奶牛的产奶量、牛奶质量和劳动生产率。采用TMR饲养奶牛，最突出的优点表现如下：

（1）减少奶牛的挑食性，增加干物质的采食量，缓解奶牛泌乳初期高产奶量的能量需要与进食之间的负平衡问题。TMR技术将粗饲料切短后再与精料混合，这样饲料在物理空间上产生了互补作用，从而增加了奶牛干物质的采食量。在性能优良的TMR机械充分混合的情况下，完全可以排除奶牛对某一特殊饲料的选择性，因此可以最大限度地利用最低成本的饲料配方。同时，TMR是按日粮中规定的比例完全混合的，减少了偶然发生的微量元素、维生素缺乏或中毒现象。

（2）减少奶牛瘤胃pH的波动，减少奶牛瘤胃微生物的应激。TMR技术将日粮中的碱、酸性饲料均匀混合，加上奶牛大量的碱性唾液，能有效地使瘤胃pH控制在6.4～6.8，增强瘤胃机能。再由于产奶量相同的分群饲喂的牛群中全混合日粮的精粗比例保持不变，因此奶牛采食TMR日粮后，瘤胃的pH变化不大，而精粗饲料分开饲喂，避免不了单独饲喂精料后，瘤胃pH的急剧下降，单独饲喂粗饲料后，pH上升，这样瘤胃微生物不断地处于pH升高和下降的应激过程中。所以说，对奶牛采用TMR饲养技术，为奶牛瘤胃微生物创造了一个良好的生存环境，促进微生物的生长、繁殖，提高微生物的活性和蛋白质的合成效率以及饲料转化率，使得奶牛消化紊乱减少和乳脂含量显著增加。生产实践证明，使用奶牛全混合（TMR）日粮技术饲喂的奶牛其泌乳曲线稳定，产后泌乳高峰期持续时间长并下降缓慢，可提高产奶量5%～15%，提高乳脂率0.1%～0.2%。

（3）TMR饲喂可简化饲养程序，便于实现饲养机械化、自动化，与规模化、散放式的奶牛饲养相适应。采用TMR后，饲养工不需要将精料、粗料和其他饲料分道发放，只要将料送到即可；采用TMR后管理轻松，成本降低。TMR技术能大幅度提高企业资本的有机构成，提高劳动生产率。此项技术的应用，人均饲养奶牛头数可由现在的10头提高到25头以上，劳动生产率提高2倍以上。

（4）采用全混合日粮，奶牛采食每一口，都是营养全价的日粮，可避免以往奶牛由于分别采食精料和粗料而造成的精料吃得过多，粗料采食不足，以致造成瘤胃机能障碍，使产奶量和乳脂率下降和发生消化道疾病等，而且少量频繁采食全混合日粮，也有助于维持瘤胃内环境。TMR根据奶牛的实际需要，采用科学的饲料配方和投放标准，减少了饲料的无效投放和浪费，大大提高了饲料的利用率。由于TMR提供全价的奶牛饲料，保证了奶牛的营养需要，也就保证了牛奶品质，同时增强了奶牛体质，减少了乳房炎以及营养代谢疾病的发生。国内许多奶牛场生产实践证明，使用数月降低消化道疾病90%以上，从而提高了奶牛场的整体生产水平。

（5）便于控制日粮的营养水平。如果产奶量降低，可通过提高日粮精粗比例，控制奶牛日粮营养进食量，防止低产奶牛出现肥胖症。

（6）提高奶牛的繁殖率。泌乳高峰期的奶牛，采食高能量浓度的TMR日粮，可以在保证不降低乳脂率的情况下，维持奶牛健康体况，提高奶牛受胎率和繁殖率。

（7）采用全混合日粮，可更有效地使用尿素、氨等非蛋白氮，这比将非蛋白氮直接混在精料中使用效果明显要好。

（8）对于形态和适口性不佳的饲料和副产品，通过与日粮中的玉米青贮等混合而得到改善，避免奶牛挑食与营养失衡现象的发生，并能提高饲料的转化率。特别是粗饲料，将干草、秸秆、青贮玉米等粗饲料合理切短、破碎揉搓，利于奶牛的采食、消化，有利于采食量的提高。

（9）保持日粮成分的精确和稳定。传统饲养饲料投喂误差可达20%以上，奶牛全混合（TMR）日粮工艺减少饲养的随意

性，使得饲养管理更精确。饲料投喂精确度可提高5%～10%。

4. 国外TMR发展现状

(1) TMR的兴起。TMR是追求劳动生产率的产物。在世界上一些农业劳力紧缺、社会福利较好、农业机械化（设施化）程度较高而奶牛养殖单位规模不断扩大的国家，20年前在奶牛饲料、饲养方面，开始探索试用机械化分发饲料，以减轻劳动强度，吸引就业和提高劳动生产效率。第一代全混合日粮（TMR）发料车，设计成卧式料车厢，厢体内以2～3条纵向绞龙搅拌和推动日粮向发料口行进；第二代的TMR也是卧式的，但在绞龙叶片上加置切割刀片，因此能将日粮较好地切碎与混合。但由于卧式的厢体截面均呈方型而留有视角残料，同时一些长料箱由于绞龙的纵轴很长，使用中易造成纵轴变形。第三代TMR车的厢体设计成立桶形，卧式的绞龙没有了，设计成主轴短而有力的切碎钻，螺旋形钻成接近水平工作的切割力（似绞肉机芯），并且在桶壁设计有可伸缩的"底刀"，使切割的效果提高很多，立圆形的厢体，也避免了残料视角的存在。第三代TMR是最近五六年的新生代，由于其切混的效果优于前二代，因此很快得到大面积的推广使用。

TMR十分适用于规模大的牛场，因为TMR的购置成本较高，只有在替代更多劳力和TMR车总成本小于劳力总成本的情况下才能体现出投入产出比的产出优势。从现有资料显示，一台20米^{3}第三代全自动TMR车，一天两回发料，能完成5 000～6 000头（含后备牛与成乳牛）牛群的饲喂任务。劳动力配置比约为1人：20人（1 500头牛群）。TMR较适于在舍饲的"散放饲养、自由牛床"模式中应用。因为在这种模式中，奶牛有更多的时间可以自由采食日粮。

(2) TMR在国外的推广现状。20世纪90年代，在欧洲及美国、以色列等国就全面应用TMR饲养技术体系。据以色列农业部资料，仅在该国10万头奶牛中推广TMR一项技术，平均牛奶产量就提高了30%。美、欧的TMR设备规模大，自动化程度高，投资较大，属于集约型供应体系。而日本引进后针对自己奶牛场规模小的特点进行了改造，通过建立TMR生产场，完成全混合日粮的加工，以配送形式供应给周边养殖专业村和小规模奶牛场，供应辐射2 000米，约3 000头奶牛。同时能利用氨化秸秆、酒糟等农副产品，属于农户型供应体系，很适合我国现有“公司＋农户”的奶牛饲养状况。一个100头的奶牛场，使用传统饲养方式时，每天用在饲养加工、调制、混合、送喂料的时间约为4小时，需要10个员工，而通过使用TMR饲喂技术后，只需要1小时、2个员工。节省了劳动力，使得更多的人员有充分的时间进行其他工作，使牛场管理更精细、合理。

5. TMR饲养技术

（1）干物质采食量预测。根据有关公式计算出理论值，结合奶牛不同胎次、泌乳阶段、体况、乳脂和乳蛋白以及气候等推算出奶牛的实际采食量。

头胎牛DMI＝－2.12＋0.882×泌乳周－0.031×泌乳周2＋0.000 3×泌乳周3＋0.016×体重（千克）＋0.351×4%脂肪校正奶（千克/日）－1.51×乳脂肪率%＋0.752×乳蛋白率%

非头胎DMI＝0.959＋1.051×泌乳周－0.042×泌乳周2＋0.000 5×泌乳周3＋0.012×体重（千克）＋0.354×4%脂肪校正奶（千克/日）－1.966×乳脂肪率%＋0.941×乳蛋白率%

如果实际采食量与预测相差在5%以上，应寻找原因，是采食率问题还是称重或是其他原因，并加以校正。

（2）奶牛合理分群。对于大型奶牛场，泌乳牛群根据泌乳阶段分为早、中、后期牛群，干奶早期、干奶后期牛群。对处在泌乳早期的奶牛，不管产量高低，都应该以提高干物质采食量为主。对于泌乳中期的奶牛中产奶量相对较高或很瘦的奶牛应该归入早期牛。

对于小型奶牛场，可以根据产奶量分为高产、低产和干奶牛

群。一般泌乳早期和产量高的牛群分为高产牛群，中后期牛分为低产牛群。

（3）奶牛饲料配方制作。根据牧场实际情况，考虑泌乳阶段、产量、胎次、体况、饲料资源特点等因素合理制作配方。考虑各牛群的大小，每个牛群可以有各自的TMR，或者制作基础TMR＋精料（草料）的方式满足不同牛群的需要。此外，在TMR饲养技术中能否对全部日粮进行彻底混合是非常关键的，因此牧场必须具备能够进行彻底混合的饲料搅拌设备。

①奶牛全混合（TMR）日粮的配制原则　奶牛全混合（TMR）日粮的营养要求日粮中产奶净能（NEL）应在1.6～1.75百万卡/千克（DM），粗蛋白含量应在15%～18%，可降解蛋白应占总CP的60%～65%。蛋白质饲料不足，会影响奶牛泌乳高峰期的来临，影响乳蛋白和乳脂肪的含量。

②必要的饲料原料结构与种类　进行奶牛全混合（TMR）日粮配方设计原则上青贮占40%～50%、精饲料20%、干草10%～20%、其他粗饲料10%。要求适宜的粗纤维含量与长度，日粮含水量控制在45%～50%。

奶牛全混合（TMR）日粮中适宜的NDF的含量是保证牛奶质量和奶牛健康最重要的因素。高产奶牛日粮中至少含有ADF19%～21%，NDF28%～30%，泌乳高峰ADF和NDF分别减少到19%和25%，日粮中粗料比例过低，瘤胃中乙酸比例下降，乳脂率也相应下降，所以粗料比例不应低于日粮中总干物质的40%。奶牛全混合（TMR）日粮中总NDF的65%～75%应来源于粗饲料。奶牛全混合（TMR）日粮提高干物质采食量，是促进奶牛产奶量的最好方法，它是奶牛健康和生产所必需的营养物质的量化基础。

③奶牛全混合（TMR）日粮常用饲料的特点

粗饲料的种类　粗料是饲养奶牛的基础，精料只是饲喂奶牛的一种补充料。粗料质量是影响奶牛产奶量最重要的因素。常用的有：青干草类，如苜蓿干草、芦苇、羊草、紫云英及各种野干草。奶牛日粮中必须保持一定量的青干草，可维持正常的瘤胃内环境和提高乳脂率。现代奶牛业取得的成就，奶牛产奶量的提高，就是优质青干草的作用，它是现代奶牛业的标志之一。块根、块茎、瓜果类饲料，如甘薯、胡萝卜、马铃薯、萝卜、甘蓝、西瓜皮、南瓜、甜菜等。营养特点：适口性好；主要作为能量饲料添加，水分含量高。青绿饲料，如甘薯蔓、花生藤、黑麦草、苜蓿、三叶草、玉米青割、各种青菜等。其营养特点：蛋白质含量丰富，富含多种维生素；适口性好；体积大，水分含量高。因为青绿饲料水分含量高，牛采食后很快就有饱感，但因其干物质及其他养分摄食不足，反而不利于奶牛生产性能的发挥。所以水分大的饲料在 TMR 饲料中要严格控制用量。农副产品类，如大麦秸、小麦秸、稻草、玉米秸、花生藤、大豆秸、荞麦秸等。其营养价值较低，粗纤维含量高，适口性差，消化率低，但来源广，成本低。奶牛食入可使机体产生饱感。但对于高产奶牛严格说没有饲喂价值。糟渣类饲料即豆腐渣、粉渣、啤酒糟、酱油渣、白酒糟、甜菜渣等。营养特点：适口性好，可提供蛋白。啤酒糟是由大麦麦芽、谷皮、其他谷物、残化糖渣干燥而成。其粗蛋白含量高于白酒糟，如氮浸出物约占 39%～43%，其脱水干燥后，是优良奶牛饲料资源。

在奶牛全混合（TMR）日粮中粗饲料营养价值顺序为优质干草、野生干草、玉米秸、麦草、稻草。在奶牛全混合（TMR）日粮技术中粗饲料应以豆科、禾本科和秸秆类饲料混合使用效果好。

豆粕、棉粕蛋白质易降解，蛋氨酸和胱氨酸低于需求水平，棉粕中赖氨酸含量也较低。谷物中蛋白质含量低，缺乏必需氨基酸，特别是赖氨酸和蛋氨酸。奶牛全混合（TMR）日粮以玉米和青贮玉米为主时，应限制玉米副产品作为过瘤胃蛋白的用量，添加碳酸氢钠（小苏打）100～150 克。

(4) TMR营养浓度控制。TMR原料应每周化验一次。因为当原料成分变化时，正确的配方也可使TMR迅速变得营养不平衡。例如，当青贮玉米干物质从35%变为45%时，蛋白质摄入量仅相差45.4克，但却造成454克的乳蛋白产量的变异；对于高产牛，粗料干物质减少导致食欲不振、酸中毒等。

(5) 搅拌。在确定好合适的饲料配方后，紧接着的工作就是把饲料进行搅拌混合。对于规模较小的牛场，可以用人工混合，但注意一定要搅拌均匀。对于规模大的牛场，则就需要一个TMR搅拌机。

①TMR搅择机的选择

TMR搅拌机容积的选择：一是根据奶牛场的建筑结构、喂料道的宽窄、牛舍高度和牛舍入口等来确定合适的TMR搅拌机容量；二是根据牛群大小、奶牛干物质采食量、日粮种类（容重)、每天的饲喂次数以及混合机充满度等选择混合机的容积大小。

TMR搅拌机机型的选择：TMR搅拌机最好选择立式混合机。它与卧式相比优势明显，一是草捆和长草无需另外加工；二是混合均匀度高，能保证足够的长纤维刺激瘤胃反刍和唾液分泌；三是搅拌罐内无剩料，卧式剩料难清除，影响下次饲喂效果；四是机器维修方便，只需每年更换刀片；五是使用寿命较卧式长（15 000次/8 000次)。

②TMR搅拌机混合时注意事项　搅拌是制作TMR的一个最重要的环节，一定要注意：

称量准确

a. 称子准确　称不同重量时称了可能会有不同偏差，称子应每月校正一次。校正方法为：搅拌机四角各放50千克重的袋子，读出重量；然后当装满1/3、1/2、满时四角再各放50千克重的袋子，称子读数是否增加200千克。

b. 原料水分准确　TMR饲喂失败的主要原因之一是当原料

水分，尤其是青贮、鲜草、青绿饲料等高湿原料等原料水分发生较大变异时，未对投料量进行校正，因此至少每周测一次原料水分。

c. 投料准确　每批原料投放应有记录，并进行审核。

每批原料添加量不少于20千克。

搅拌

a. 时间　最后一批原料加完后再搅拌4～5分钟。搅拌过长，TMR太细，有效纤维不足；搅拌时间过短，原料混合不匀。过度搅拌比搅拌不足危害更大。

b. 顺序　对于轴向搅拌机，投料顺序为：谷物—蛋白质饲料—矿物质—青贮—粗料。一般立式混合机是先粗后精，按照干草、青贮、糟渣类、精料顺序加入。

c. 搅拌细度　用颗粒震动筛测定，顶层筛上物重应占样品重的6%～10%。

d. 搅拌容量　占90%，可达到最佳搅拌效果。

干草的搅拌　如果干草搅拌不匀，TMR中的干草易被母牛挑出，使母牛专挑吃较细的精料而发生酸中毒，故应注意：

a. TMR中干草用量<2.3千克/头·日。

b. 搅拌细度为颗粒震动筛顶层筛上物重应占样品重的6%～10%，且筛上物为可食部分，不能为长粗草秆或玉米秆。

c. 料脚观察　料脚细度、成分应与TMR一致，如料脚筛上物重超过10%，说明母牛在挑食。

(6) 料槽管理。饲槽管理的目标是确保母牛采食新鲜、适口、平衡的TMR来获取最大的干物质采食量。干物质采食量是维持牛群高产的关键因素。因此，必须保持日常记录，检查登记每天每次的采食情况、奶牛食欲、剩料量等，以便于及时发现问题，防患于未然；每次饲喂前应保证有3%～5%的剩料量，还要注意TMR日粮在料槽的一致性（采食前/采食后）和每天保持饲料新鲜，及时推料。饲槽管理做到以下几方面：

①整个饲槽饲料投放均匀。

②每只母牛有46～76厘米宽的采食空间。

③评估饲料分层及料脚情况。饲料尤其粗料、颗粒料应不分层、料脚外观及组成应与TMR相近。

④料脚应冰凉新鲜。发现热的发霉料脚应该补饲。

⑤所剩料脚应占饲粮的3%～5%，以防止剩料或缺料，料脚应及时出槽。

⑥每天翻料2～3次。

⑦空槽时间每天不超过2～3小时。

⑧发料时观察母牛食欲，病牛、跛脚牛往往食欲不佳。

⑨料槽光滑有利于采食和清扫。

⑩应保持母牛低头采食的良好习惯，低头采食便于唾液吞咽，又可达到最佳采食量，还可避免甩料。

⑪检查水质。

⑫在母牛采食最频繁的时间发料。

6. 奶牛的分组饲喂要点

奶牛的分组饲喂是TMR饲养工艺的重点之一。根据奶牛的营养需要，将状况相似的奶牛分在同一组能最大限度地发挥TMR的作用。同组中奶牛的同质性越好，组内奶牛的营养需求量差就越小，则为该组配置的日粮就越能满足大多数奶牛的营养需要。

（1）临产牛。产犊前2～3周即将分娩的牛。这个阶段的奶牛将临近泌乳同时伴随着胎儿的出生，对蛋白质和能量物质的需求相应增加，但干物质采食量（10.5千克/天）显著降低，应增加日粮中的谷物含量以调节瘤胃中的微生物和酸度。日粮中应有大约3～3.5千克谷物和2.25千克的干草。矿物质的平衡有利于避免产褥热。

（2）初产牛。泌乳日0～30天。此阶段奶牛采食量低但营养需求高，应注意在保护瘤胃功能防止代谢紊乱的同时，提供必要的营养物质使其迎接泌乳高峰期的到来。

（3）高产牛。泌乳30～150天。这个阶段的牛应该保证高的采食量以维持泌乳高峰并确保妊娠，注意在日粮中添加足够的有效纤维以平衡日粮。

（4）泌乳中期。泌乳150～210天。泌乳中期奶牛已经妊娠，产奶量已逐渐下降。这一阶段尽可能地维持产奶量，不应再过度饲喂。

（5）泌乳后期。泌乳210～305天。这一阶段奶牛对营养的需求比较低，主要提供粗饲料，注意考虑避免使奶牛过肥。

（6）干奶牛。干奶阶段应该为下一个泌乳期作准备，选用中等质量的粗饲料来避免其过肥，通过添加干草恢复瘤胃功能，同时应考虑蛋白质和矿物质的供应平衡。

（7）头胎牛。头胎牛日粮与高产牛相比干物质摄入量少一些，产奶需要也少一些。如果头胎牛单组一群，可使整个泌乳期产奶量提高5%～10%。

7. TMR缺点

TMR工艺的主要不足之处是奶牛吃"大锅饭"。特别当牛群中奶牛的遗传水平不一致，差异较大时更是如此。尽管可以以分群饲养减少饲料的浪费，但免不了一些牛会"多吃多占"。为了满足一些采食能力差的奶牛能获得必要的营养需要，对每群奶牛的日粮配给量至少要比通常配给量多投入10%。在遗传水平很不一致的牛群中应用TMR，还需要配以营养补给站，以满足每头奶牛的营养需要。

总之，TMR技术是我国奶牛养殖业走向现代化、科学化的必由之路。国外对TMR饲养技术的研究和应用已经很广泛，而且大多已取得了较为理想的效果。随着我国奶牛养殖业规模化、集约化和现代化步伐的加快，我国也将出现大批新型的TMR牧场，这将成为养牛业的第二次革命。

四、标准化小区建设与管理

我国农村奶牛的养殖基本上是千家万户进行散养，饲养管理和挤奶都是由养殖户手工操作，劳动量大，奶的质量和卫生很难保证，奶牛养殖新技术不能及时得到有效推广，科学化、现代化饲养管理技术无法实施。随着乳品市场竞争的日趋激烈，提高鲜奶的质量、品质和卫生越来越迫切，一些乳业巨头甚至提出了"无抗奶"的新标准，这就使奶牛养殖走集约化、现代化的道路成为必然选择。目前，受资金、技术含量、人员素质等方面的限制，在农村不可能一下子实现集约化、现代化养殖，奶牛养殖小区就是一种很好的过渡形式。奶牛养殖小区作为一种新型的生产组织形式，日益发展壮大，已成为畜牧业新的经济增长点，在农村产业结构调整和促进农民增收中发挥着越来越重要的作用。

奶牛养殖小区是以村或村民小组为单位，在奶牛养殖比较集中的地方，将人畜分离，把养殖区迁移至村外，集中连片，形成规模，饲养密度大，技术要求高的一种养殖模式。

（一）建设奶牛养殖小区的优越性

长期以来，我国的奶牛养殖以传统的单家独户分散饲养为主。由于饲料单一，长期营养不良，繁殖配种不合理，因此造成了疾病频发、品种退化、生产性能低下、部分资源闲置和浪费，饲养效益低下，无法形成规模效益。通过发展养殖小区，可以解决这些问题。

1. 奶牛养殖小区的建设和发展，加快了畜牧科技成果的推广速度

（1）有利于推动规模养殖，使奶业生产短期内实现规模扩张。农户房前屋后散养，奶牛存栏量一般为 2～3 头，但现在一个小区内的存栏量都在 100 头左右。

（2）高产奶牛快速扩繁技术得到广泛推广。农户小存栏量就给优质高产牛冷冻细管精液推广工作带来一定难度，大部分农户比较看重价位而忽视精液质量。但每个奶牛养殖小区都设立配种室，对小区奶牛全部应用高产优质荷坦牛冻精细管进行统一配种，并按照科学选育方法将性状表现好的新生母牛犊留养，不向外出售，改良一、二代后，可使奶牛单产迅速提高。

（3）高产奶牛饲养管理技术得到顺利实施。在养殖小区，管理人员在畜牧科技人员的指导下，对入驻小区的奶牛定期进行外貌、体况评定，每天测定鲜奶乳脂肪、乳蛋白、乳浓度和细菌数，以此作为日粮调配的依据。根据不同时期、不同气候条件确定奶牛日粮配方，给奶牛供应质量最好的浓缩料，采用科学饲喂方法，使高产奶牛的生产潜能得到很好发挥。

2. 奶牛养殖小区的建设和发展，使乳品企业原料奶的质量和卫生水平提高

（1）疫病防治工作程序化。各奶牛养殖小区，都设有兽医卫生室。奶牛防疫工作不仅仅局限在春秋两季，小区兽医可以根据奶牛的生产状况、健康状况等全年度进行防疫。同时，兽医人员对奶牛乳房炎、产科病等进行及时观察、及时治疗，避免了有抗奶的生产。

（2）挤奶机械化。建设小区的最大优点就是便于实现机械化挤奶。通过机械化全封闭管道式挤奶，减少鲜奶与外界环境的接触机会，鲜奶细菌数大幅度降低，加上操作科学规范，对用具及时消毒清理，使乳的卫生得到保证。

3. 奶牛养殖小区的建设和发展，能够提高养殖效益，增加农民收入

在养殖小区，奶牛养殖全部实行统一饲养管理、统一饲料配

方、统一配种、统一防疫、统一青贮、统一机械化挤奶，高产良种奶牛可以充分发挥自身的潜力，达到实际的生产能力。尤其是实行机械化挤奶，一方面提高了奶牛个体的生产量，另一方面避免乳房炎的发生，按照乳品企业以质论价的标准，奶牛回报率得到提高。同时，把奶农从大量繁杂的劳动中解救出来，有利于增加农户的市场开拓能力。

4. 奶牛养殖小区的建设和发展，农村的环境得到改善和美化

奶牛进入小区养殖后，对粪便集中处理，有效解决了人畜同院、环境卫生差的问题，改善群众生活环境，净化空气，使广大群众的生存环境得到美化，村容村貌焕然一新。在西部地区还有利于山川秀美工程的实施，利于生态环境保护，有效解决林牧矛盾。

（二）小区设计和建设应遵循的原则

1. 有效利用土地

在我国人多地少的现实条件下，选取奶牛小区场址时，尽量选择那些低产、难以浇灌的土地、闲置土地或非农业用地。根据饲养规模大小、资金状况，结合牛场的长远规划来选择场地面积大小。

2. 经济适用

小区的建设要结合农村的实际情况，因地制宜，档次既不能太高，又不能违背科学合理的养殖要求，充分考虑当地气候、地域、饲草饲料自然资源和技术水平、养殖习惯等情况，合理安排青贮窖、干草棚等基础设施的位置、数量，根据牛的数量、种类、发展规模、资金、机械化程度等条件，统筹安排，合理规划。

3. 保护环境，建设无公害小区，生产绿色产品

集中进行规模养牛，必然会产生大量的粪尿、污水和其他废弃物，对周围环境造成污染。因此，在建设小区时就要对废弃物的处理提出有效方案，净化环境，防止交叉感染。在目前农村能源相对紧缺的情况下，建设沼气池，对粪尿等废弃物集中发酵，产生的沼气用来取暖、做饭和照明，沼渣用来还田，提高土壤肥力。对废弃物进行无害化处理，变废为宝，建立立体、生态农业模式。进入小区的奶牛必须检疫观察，加强定期与不定期监测，确保健康无疫；所用的饲草饲料和小区所在地无污染，自然条件优越，符合国家绿色食品生产的自然环境条件。

（三）小区建设

1. 场址要求

奶牛养殖小区场址的选择遵循社会公共卫生准则，地势要低于村民居住区，一般位于下风口，背风向阳，地势高燥，空气流通，平坦宽阔，土质坚实，地下水位 2 米以下，地面有一定坡度，最好向南倾斜。

整个牛场要求交通便利，至少有一条主干道直接与城乡的公路相连接，小区离公路的距离在 300 米以上。水、电、路、排污等公用设施以龙头企业、政府或村集体负责建设到位，解决生产过程中的配套需求。

2. 规划与布局

小区中牛场的规划与布局本着因地制宜和科学管理的原则，以整齐紧凑，提高土地利用率，节约资金，经济耐用，有利于生产管理和便于防疫、安全为目标。场区规划从人畜保健和利于防疫的角度出发，合理安排各部分位置，将牛场分为奶牛饲养区、饲料生产区和饲养人员居住区，三个区之间要有明确界限。奶牛饲养区是牛场的核心。由厩舍和运动场组成，实行单列式饲养，每一户饲养成年奶牛 8～10 头，附设运动场和防疫设施，在舍内进行人工挤奶。

饲料生产区是牛场的重要组成部分，包括青贮坑、干草棚和

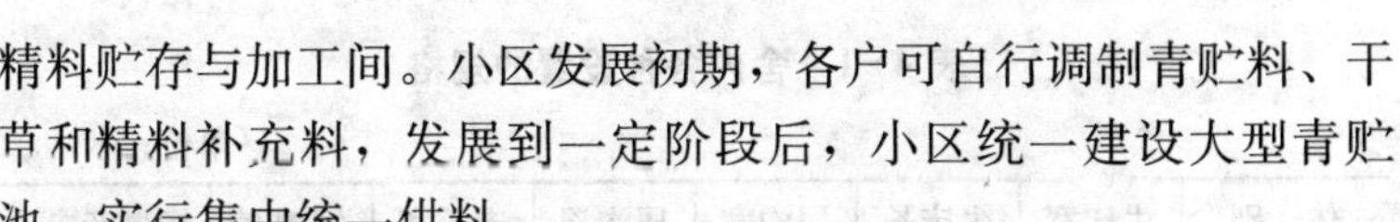

精料贮存与加工间。小区发展初期，各户可自行调制青贮料、干草和精料补充料，发展到一定阶段后，小区统一建设大型青贮池，实行集中统一供料。

饲养人员居住区与厩舍隔离，保证人畜健康。

整个小区设一个兽医室即可，但应配备冰箱、消毒锅、诊疗器械等必要设备，同时应配备常用药物。兽医室旁边应设立六柱保定栏，便于进行人工授精、临床检查和治疗。

为了减少疾病传播，加强防疫，在四周修建围墙，并与种树、栽植绿化带相结合。牛场生产区大门、各牛舍的进出口处设脚踏消毒池，整个小区大门口设车辆消毒池。

沼气池应以适宜农村推广的形式为宜。厕所应设计为瓮式三级连续发酵结构。这样，既能减少牛粪等奶牛小区废弃物造成的污染，又能彻底消除传统式厕所的异味。

3. 牛舍和运动场

（1）牛舍建筑。采用拴系式牛舍，屋顶采取双坡对称式，木板上覆盖机瓦。牛舍内平面布局为单列式牛床，主要设施有牛床、食槽、喂料通道和清粪通道、粪沟，牛舍地面为混凝土压光地面，进出通道处设防滑线。牛舍长轴两侧各设置两个窗户。

牛床的设置要有利于牛体健康和饲养管理操作，长宽适中，并有1%～1.5%的坡度，便于排水，在牛床后半部设防滑线。在牛床前面设置固定的水泥食槽，要求前高后低，坚固光滑，不透水，槽底为圆形，槽底高于地面5～10厘米。

食槽后留一宽度为1.2～1.5米的工作通道，所有牛栏中间留一工作通道，它是牛进出及挤奶的工作通道，其宽度要能满足粪尿运输工具的往返，挤奶工具的通行和停放。中央通道两旁设置粪尿沟，沟底应有一定的排水坡度，微向暗沟倾斜，以利排水。各种设备规格视牛体大小而定，参考表4-1、表4-2。

表 4-1 舍内各种设置的规格

（单位：米）

体 别	牛床宽	牛床长	尿沟宽	尿沟深	走道宽	饲槽宽	饲槽旁走道
成年牛（590～725千克）	1.20～1.39	1.62～1.80	0.4～0.5	0.25～0.40	1.82～1.37	0.45～0.61	1.0～1.4
育成牛（454～590千克）	1.1～1.2	1.50～1.62	0.4～0.5	0.25～0.40	1.82～1.37	0.45～0.61	1.0～1.4
犊牛（454千克以下）	1.0～1.1	1.37～1.50	0.4～0.5	0.25～0.40	1.82～1.37	0.40～0.61	1.0～1.4

（2）运动场。运动场设在南面，要求背风向阳。运动场地面最好用三合土夯实，平坦干燥，有一定坡度，中央较高，排水良好。运动场的面积既要保证牛的活动、休息，又要节约用地，一般为牛舍建筑面积的3～4倍。见表4-2。

表 4-2 运动场面积及食槽设计参数

（单位：米^2/头，厘米）

饲槽种类	运动场面积	槽顶部内宽	槽底部内宽	前高	后高
成乳牛	25～30	60～70	40～50	30～40	60
青年牛	20～25	50～60	30～40	25	50～55
育成牛	15～20	40～50	30～35	20	40～50
犊 牛	10	30	25～30	15	30

（3）运动场设施。包括围栏、饮水池和食槽。围栏位于运动场四周，为钢筋混凝土立柱式铁管围栏，间距为3米一根，高度为1.3～1.4米，横梁3～4根。饮水池为两侧饮水式，体积根据牛头数的多少而定，一般30～50头牛的体积为1.5米×0.8米×0.5米，水槽两侧应为水泥地面。食槽位置应与牛舍平行，且背风向阳，长度应为每头牛占0.2～0.3米，槽宽80～90厘米，外缘高80厘米，内缘高60厘米，深40～50厘米，牛站立采食一侧为水泥地面。

（4）附属设施。道路要求直而短。主干道宽度6～8米，支干道宽 4 米。给水采用自来水，直接供水至饮水池和食槽。舍内污水和粪尿通过粪尿沟排出，运动场四周开挖明沟排水，场内用暗道加盖排水，挖明沟排污水和粪尿，并连接至贮粪场。

4. 小区建设时应注意的问题

(1) 奶牛场的设计应综合考虑各种因素。奶牛场的工程设计必须依据奶牛的生物学特性、行为特征、生产工艺、环境要求、生产管理等各项科学技术指标来进行综合设计。以牛为中心，以经济效益为根本出发点，为牛的生长发育、生产性能创造良好适宜的环境，并综合考虑建设、资金、管理等因素的影响，从而达到最佳技术效应。

(2) 牛舍朝向。牛舍的朝向直接影响着舍内温度、采光和通风换气，因此应根据主导风向和太阳照射方向来确定朝向，一般要求坐北朝南，可以避免夏季直射阳光进入舍内，冬季则会提高牛舍温度。

(3) 排污要求。牛场产生的不良气味、有害气体、噪声、粉尘、粪尿和污水，要采取积极有效措施进行处理，不致因风向和地表径流而污染居民生活环境，废弃物的排放要符合有关法律法规的要求。

(四) 奶站小区建设

奶源是奶业产业化的基石，是加工龙头企业与农户合作争抢市场制高点的关键。有了稳固的奶源基地，企业也就有了生产经营的基础，农户就会实现增收致富。

"奶站+小区"建设模式是实现奶牛专业化、规范化、集约化养殖，确保龙头企业拥有优质、稳定、充足奶源的有源途径，是实现政府要产业、企业要奶源、农民要增收三结合的突破口。

1. 建设原则

奶站小区建设按照"统一规划，分户饲养，统一挤奶，统一管理，统一服务"的原则，本着高起点、高标准、科学性、实用性、生态性的要求，科学规划，合理布局，做到紧凑整齐，便于防疫，有利于生产。

2. 规划布局

（1）要适应现代化养牛的需要，统盘考虑，并留有发展余地。方案既要科学合理，又要切实可行。必须科学地遵循奶牛生产、运动、饲养管理等程序和操作规程，合理安排各种设施及布局，实现土地、设备等资源的最佳配置。

（2）要距饲养地较近，交通便利，水电齐全，远离工厂、住宅区，距公路50米以上。

（3）要选择地势高燥，背风向阳，空气流通，土质坚实，地下水位低，排水良好，具有缓坡的开阔开坦的地方。

（4）必须有充足的水源，且水质良好。

（5）应建在居民点的下风向。奶牛日常饲养管理工作会产生大量的有害气体、污水、粪尿等，直接或间接地污染环境，尤其是造成土壤和水源的污染。因此，要距离居民点500米以上，且处于下风处。

3. 建设内容

（1）奶站。在奶牛小区中间位置建立奶站，便于挤奶。规格为长30米、宽8米的厂房一座（图4-1）。

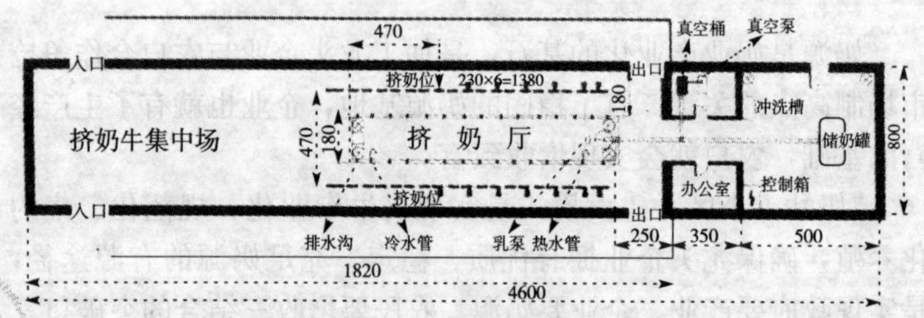

图4-1 奶站建设平面示意图

（2）奶牛小区（图4-2、图4-3）。

①规模 如果存栏量为300头，则整个小区可设30～60个

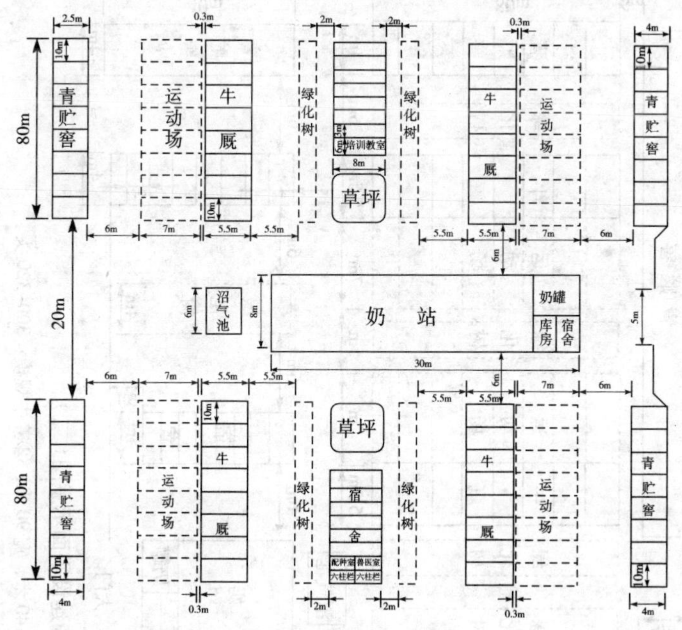

图 4-2　奶站小区建设平面示意图（一）

注：①奶站小区占地面积：长 180 米，宽 70 米；②养牛规模：300～320 头。

单元，每个单元饲养量为 5～10 头。

②牛厩　根据养牛数量来确定。一个单位一般长为 10 米，宽 5.5 米，檐高 2.2 米。

牛床　长宽适宜，并有 1%～1.5%的坡度，便于排水。一般为平砖地面，也可以是水泥地面，但后半部要设防滑线。

食槽　紧靠牛床，食槽为水泥食槽，槽底半圆形，顶部宽 65 厘米，底部宽 45 厘米。前低后高，前高 35 厘米，后高 55 厘米。

走道及粪尿沟　走道宽 1.3 米，粪尿沟宽 30 厘米，深 10 厘米。

门　前后各设一门，宽 1.2 米，高 1.8 米。

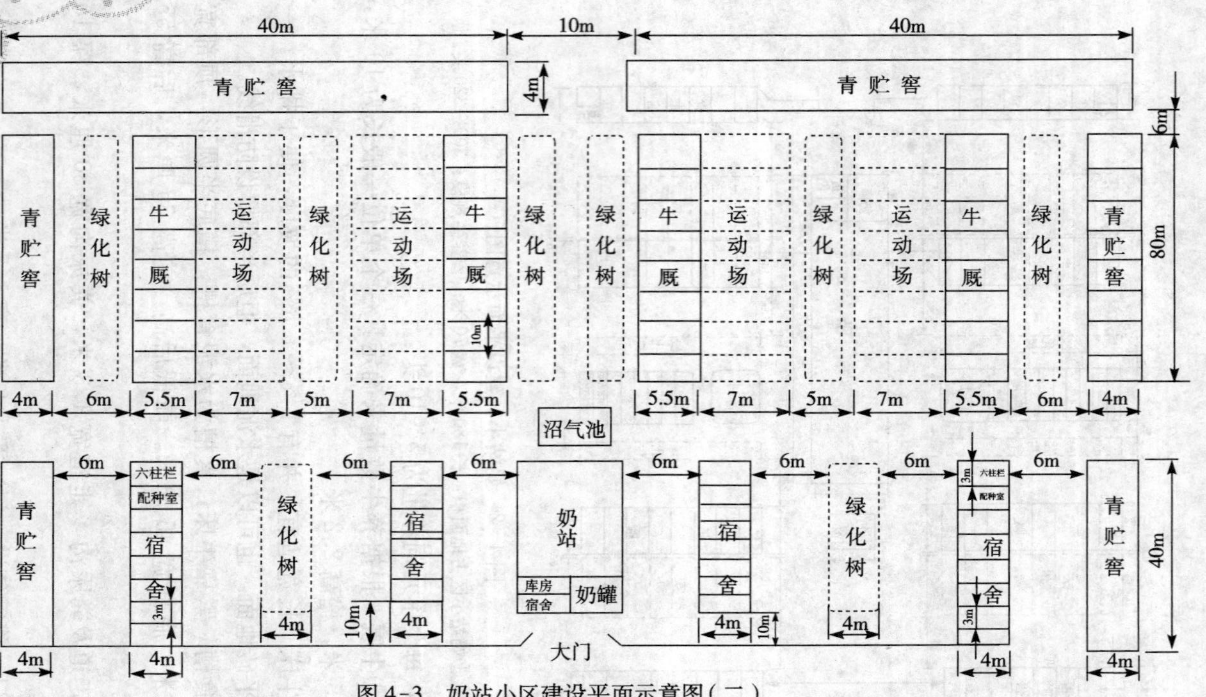

图 4-3 奶站小区建设平面示意图（二）

注：①奶站小区占地面积：长 140 米，宽 90 米；②养牛规模：300~320 头。

③运动场　面积为舍内面积的3～4倍，长与牛厩长度相对应。地面为三合土夯实地面或立砖铺地面，中央较高，四周低。

④配种室、兽医室　长均为4米，宽为3米，并各配备一个六柱栏。

⑤青贮窖　每头奶牛每年按采食8个月青贮来计算，需青贮料6 600千克，每立方米青贮料600千克。青贮窖一般长5米×宽4米×深3米，然后根据总的青贮料需要量来计算需开挖青贮窖的数量。

⑥道路及绿化　道路路面为中间高，两边低，且路面为水泥或沥青。牛舍前后，道路两旁及小区周边栽植树木绿化。

⑦消毒池　大门口设消毒池，宽与大门宽度相等，长1.5米，深10厘米。

4. 投资方式

（1）挤奶设备。由乳品企业投资，由厂家负责安装、调试。

（2）奶站房。由村上或个人投资修建。

（3）小区。由农户投资修建。

（4）水电路等公共基础设施。由村上统一修建。

（五）奶牛小区发展模式

1. 企业与乡村联合共建小区模式

这种模式是一种“市场牵龙头，龙头带基地，基地连农户”的经营格局。由龙头企业与村委会共同协商，由村提供场地，以村为单位实行统一规划、统一建场、统一技术服务、统一防疫，分别投资，独立核算；企业提供有关机械设备。把集体的优越性与个人的主动性较好地结合，既便于先进技术的传播应用，又减少了集资难、风险大、管理费用高等弊端。

2. 龙头企业带动模式

以乳品加工企业为龙头，外连市场，内连农户。加工企业建好小区，作为企业自有生产基地直接管理。通过招租，让农民入区养殖，企业自行加工销售。

3. 养殖大户自筹资金建小区模式

建好小区后，养殖大户自己用部分牛舍，大部分租给其他养殖户使用，自己负责奶牛或鲜奶收购，靠购销差价或畜舍租金回收投资。

4. “托牛所”模式

由龙头企业或开发商投资建小区，建成的奶牛小区吸纳社会投资人出资买牛，交给小区经营管理，或出资委托经营者代买牛并负责经营，年终根据经营状况按比例分红。

5. “奶牛协会＋农户”模式

扶持或组织奶牛协会，以此为依托，围绕生产过程，按照自愿、互利、方便的原则，把各养殖户组织起来，为协会会员提供产前、产中、产后服务，涉及从良种供应、养殖到加工、服务各个领域，通过全过程、全方位的服务，引导农民稳步进入市场。

（六）奶牛养殖小区管理

1. 小区建设应统一规划、统一标准

要本着“统一规划、合理布局、相对集中、规范管理”的原则，乡（镇）及村在划拨土地时，要相对集中，突出规模效应。邀请畜牧技术部门科学地设计建区方案，应按不同畜种分建专业性小区，不能搞“混合”小区。

2. 防疫制度要健全

小区内要配备专职兽医技术人员。严格免疫，定期注射疫苗和消毒。兽医用药和疫苗要统一供应和管理。小区内要配备相应兽医设备和消毒治疗药品。小区内谢绝参观，人员车辆进入区内需严格消毒。小区内户与户之间不得乱窜，严禁在小区内宰杀畜禽。饲养人员经常观察畜群，发现病死畜禽及时拣出，做无害化处理，有疫情及时报兽医人员。

3. 探索解决环境污染的途径，以实现小区可持续发展

一是制取沼气。二是实行粪尿分离，降臭减污。

4. 小区绿化要一步到位

绿化可起到改善小区气候、净化空气、减少尘埃、减弱噪声、减少空气和水中的细菌含量、防疫、防火等诸多作用。应在小区外围种植高大树木的防护林带，在各养殖场之间种植隔离林带。为了提高经济效益，可种植果树或经济树等。地面空隙可种植草坪。

5. 小区应建立固定的畜产品交易场所

交易场所至少距离小区 500 米以上，以防止疫病传播和杜绝噪声对畜禽的影响。

6. 小区还应建立一套完善的组织管理机制

村干部应有专人分管小区工作，负责协调水、电、路等基础设施建设。小区应成立自己的管理组织，比如成立养殖协会或联合会等合作组织，由该组织出面，负责小区内的品种引进、饲料供应、疫病防治、技术培训、产品销售等产业服务工作，并制定出严格的防疫制度、技术培训制度、场户成本核算制度等一系列规章制度，把区内养殖户纳入规范化的管理轨道，提高小区经济效益，保证小区的良性健康发展。

五、饲养管理

（一）后备牛的饲养管理

后备牛是指小牛从初生到初产前，生产实践中将后备牛划分为两个阶段，即犊牛阶段（初生至6月龄）和育成牛阶段（从六月龄到初产的母牛）。它们共同的特点是生长发育旺盛，可塑性强。因此，对幼牛要求科学饲养管理，满足生长发育各阶段的生理要求，否则就会影响后备牛的各个器官及体型的发育，较严重地影响生产力的发挥。培养好后备牛，可提高牛群质量，充分发挥奶牛的生产能力。这是养牛业的一个重要环节，切不可疏忽大意。

1. 后备牛的饲养

（1）后备牛生长发育规律。

①犊牛生长发育强度　牛和其他家畜生长发育的规律基本相同，发育强度和顺序见表5-1。

表5-1　牛体各部位及组织发育强度顺序

强度顺序	1	2	3	4
部　位	头	颈和四肢	胸　部	腰　部
组　织	神　经	骨　骼	肌　肉	脂　肪
骨　骼	管　骨	胫　骨	股　骨	骨　盘
脂　肪	肾脂肪	肌肉脂肪	皮下脂肪	肌肉间脂肪

②体型发育　体型的变化取决于骨骼的发育情况。据研究，犊牛初生重仅为成年牛体重的6.5%左右，腿长达到成年牛的63%。初生犊牛具有头大、腿长、身短、后躯较前躯高的特征。

犊牛生长发育的好坏与母牛妊娠期的营养水平有直接关系，所以，犊牛培养应从母牛妊娠期开始。

后备牛体尺各部位生长强度不一致。据研究，犊牛初生至2.5岁的体高增长为100%，体长增长为126%，胸深和胸宽增长为138%，腰角增长为146%，坐骨端增长为200%，这充分表明，体高属早期增长部位，体长和体深次之，宽度特别是后躯宽度是较晚生长部位。

营养水平对后备牛生长发育影响很大，营养水平高，后备牛生长迅速。一般对留种小公牛可采用高水平饲养，但对母犊的饲养营养水平要适当，哺乳期大量喂乳虽然增重快，但不利于瘤胃的发育。长时期高水平饲喂母犊而造成过肥，对繁殖和泌乳不利。营养水平低，后备牛生长发育迟缓而造成生长发育受阻，生长发育受阻时间越长，生长发育受的影响就较大。因此，在生产实践中应根据各地的情况，制定后备牛不同时期的饲养管理制度，以保证后备牛的正常培育。

③瘤胃的发育　犊牛初生时，因吃乳皱胃特别发达，瘤胃的容积很小，且机能不发达，其瘤胃、网胃和瓣胃的容积，占全胃总容积的30%，而皱胃则占70%。3周龄以后，瘤胃迅速发育，容积增大。到6周龄时，前三胃的容积占总容积的70%，而皱胃仅占30%。至12周后，由于瘤胃逐渐发育，皱胃仅为瘤胃容积的一半。4个月后，随着消化饲草、饲料能力的提高，瘤胃、网胃和瓣胃迅速增大，瘤胃和网胃相加的容积约为瓣胃和皱胃的4倍。到1岁时，瓣胃和皱胃的容积几乎相等。这时，四个胃容积的比例，接近于成年的水平。

④饲料种类与瘤胃的发育　随着犊牛体躯的增长，瘤胃也不断发育，其容积的变化见表5-2，但是瘤胃容积增大速度以及开始活动时期，随所给予饲料种类而有所不同。早期饲喂草料，可促使瘤胃的发育，促进瘤胃微生物的繁殖，而瘤胃内发酵产生的挥发性脂肪酸对瘤胃黏膜乳头的发育也有刺激作用。

表 5-2 牛瘤胃发育过程容积的变化

年 龄	瘤胃容积(升)	瘤胃占全胃的容积比(%)
初 生	1.1	23.8
3 月龄	10.4	58.8
6 月龄	37.7	68.5
12 月龄	69.8	75.5
成 年	188.7	80.5

(2) 犊牛的消化特点。犊牛初生时，缺乏胃液的反射，直到吮吸初乳进入皱胃后，刺激皱胃，开始分泌胃液，才具有初步的消化机能。但对植物性饲料，仍是不能消化的，因为此时皱胃中蛋白酶作用很弱，仅有凝乳酶参与消化，瘤胃、网胃和瓣胃不具有消化作用，也无微生物存在。由于瘤胃还没有完全发育，如果用成年牛的反刍食团喂犊牛，进行人工接种，那么，犊牛生后3～6周，其瘤胃内就有纤毛虫繁殖。在犊牛瘤胃，微生物区系没有充分建立之前，有可能患 B 族维生素缺乏症。犊牛大约在出生后第三周出现反刍，这时犊牛开始选食草料，瘤胃内有微生物滋生，腮腺开始分泌唾液。如果训练犊牛提早采食粗饲料，则反刍可提前出现。试验证明，喂以成年牛逆呕出来的食团，犊牛的反刍可提前 8～10 日出现。

(3) 乳用犊牛的规范化饲养技术 (0～6 月龄)。乳用犊牛生后即应母子隔离，采取人工哺乳，其管理较复杂，饲养技术要求细致。这个时期饲养管理好坏，直接影响成年牛的体型结构和终生的生产性能。因此，对犊牛培育的要求是改良牛群品质和提高生产水平，获得健康的牛群，力争全活全壮，不断扩大牛群数量和提高牛群质量。犊牛培育还应该遵守以下几项原则：首先，应该从胚胎时期开始，加强怀孕母牛的饲养管理，给新生犊牛奠定一个健壮体质的物质基础；其次，恰当地使用优质粗饲料，促进犊牛消化机能的形成和消化器官的良好发育；第三，尽量利用放牧条件，加强运动。放牧和运动不仅有利于呼吸、血液循环器官的发育，而且还有利于锻炼四肢、防止蹄病。

①营养需要　哺乳期50～60天，全期哺乳量300～400千克。

②日粮要求　奶与精料给料标准：哺乳期4～7天内喂初乳，4～7天以后喂常乳及训练吃精料、粗料。粗料选用优质干草，30天后逐渐增加精料，加到1千克左右，6月龄前增至2.0～2.5千克。

其他粗饲料给料标准：5～6月龄，青饲料、青贮料平均头日量3～4千克，优质干草1～2千克。

表5-3　犊母牛日粮营养需要

阶段划分	月龄	达到体重（千克）	奶牛能量单位NND（个）	干物质(DM)（千克）	粗蛋白(P)（克）	钙（克）	磷（克）
犊牛哺育期	0	35～40	4.0～4.5		250～260	8～10	5～6
	1	50～55	3.0～3.5	0.5～1.0	250～290	12～14	9～11
	2	70～72	4.6～5.0	1.0～1.2	320～350	14～16	10～12
犊牛期	3	85～90	5.0～6.0	2.0～2.8	350～400	16～18	12～14
	4	105～110	6.5～7.0	3.0～3.5	500～520	20～22	13～14
	5	125～140	7.0～8.0	3.5～4.4	500～540	22～24	13～14
	6	155～170	7.5～9.0	3.6～4.5	540～580	22～24	14～16

③新生犊牛护理　犊牛初生后立即用干抹布或干草将口鼻部黏液擦净。若有假死现象,即心脏仍在跳动的犊牛,应立即倒挂犊牛,一人用双手握住犊牛两后肢,头部朝下倒出喉部羊水，另一人用手轻轻拍打胸部,进行人工呼吸。断脐,如已自然断脐,可在断端用5%碘酒充分消毒;未断时先在脐部揉搓十余次,再距腹部3～4厘米处用消毒剪剪断,然后充分消毒。断脐后一般不需结扎,以便干燥。为防止粪便污染也可用纱布将脐带兜起来,剥掉软蹄、称重与编号。犊牛站立时要进行辅助,犊牛能站立后1小时内喂初乳。

④初生期的饲养　犊牛初生后的5～7天称为初生期。此期

犊牛的生活环境是从母牛子宫内的生活环境，逐渐适应子宫外的生活条件。犊牛对外界的各种刺激产生应答性的反应，逐步形成条件反射，从而与外界环境的不断变化保持统一。犊牛初生后的最初几天，消化道黏膜容易被细菌穿过，皮肤的保护能力很差，神经系统反应迟缓，体温调节机制不健全，因此容易受各种病菌侵袭，造成疾病和死亡。这个时期在饲养管理方面主要是促进犊牛机体防御机制的发育，预防犊牛下痢、感冒及肺炎的发生。

哺喂初乳　母牛产犊后 7 天以内分泌的乳叫初乳。初乳有利于犊牛生长发育，应尽早使牛犊吃上初乳。据研究，犊牛在初生时对初乳吸收率最高，几乎达到 100%，2 小时以后为 90%，4 小时以后为 80%，20 小时后为 12%。24～36 小时后，仅能吸收少量甚至不吸收。另据报道，犊牛越早吃到初乳，犊牛血液中免疫球蛋白就越多，死亡率也越低。就母牛来说，在产后 24 小时内，初乳中抗体含量较多，过后便大幅度下降。初乳是犊牛不可替代的天然食物，对初生犊牛有很多特殊作用，主要有以下几个方面。

a. 营养丰富　母牛初乳的干物质较常乳高 1 倍，其中蛋白质占 18%，为常乳的 4～5 倍，钙磷矿物质也比常乳多 1 倍以上，微量元素和维生素比常乳高几倍，甚至高几十倍(表 5－4)。

表 5－4　初乳与常乳的成分比较

(单位：%)

时间＼成分	水分	干物质	蛋白质	蛋白质中		脂肪	乳糖	矿物质	煮沸时的凝固性
				酪蛋白	球蛋白				
初乳：									
分娩时	73	27	17.6	5.1	11.4	5.1	2.2	1.01	＋
产后 6 小时	79	21	10.0	3.5	6.3	6.9	2.7	0.91	＋
产后 24 小时	87	13	4.5	2.8	1.5	3.4	4.0	0.86	＋
产后 2 日	88	12	3.7	2.6	1.0	2.8	4.0	0.83	＋
产后 7 日	88	12	3.7	2.6	0.8	2.8	4.7	0.83	－
常乳	88	12	3.1	2.4	0.7	3.3	4.5	0.74	－

b. 防病免疫　初乳中含有溶菌酶和抗体，能杀灭多种病原微生物；含有球蛋白能抑制某些病菌活动，对增强犊牛抗病力起关键作用，因母体免疫球蛋白不能透过胎盘传给犊牛，所以犊牛没有免疫力。犊牛吃到初乳后，免疫球蛋白进入血液后犊牛才具有免疫力。初乳中还有一种抗原凝集素，能颉颃特殊品系的大肠杆菌。初生犊牛皱胃及肠壁上没有黏液分泌，对于侵入的病原微生物抵抗力很弱，刚分泌的初乳密度大，深黄而黏稠，进入胃肠即黏附在肠壁上，可防止病原微生物侵入体内。

c. 舒肠健胃　初乳能刺激消化腺大量分泌消化酶，促进胃肠机能早期活动。初乳中含有镁盐和中性钙盐，具有轻泻作用，特别是镁盐，能促进胎粪排出，防止消化不良和便秘。

哺喂初乳的方法　犊牛开始哺喂初乳的时间以尽早为宜。一般以犊牛能站立时即可喂给，约在出生后0.5～1小时，挤出的初乳趁热喂给犊牛。

初乳第一次喂量，可根据犊牛体型大小、健康情况合理掌握，在不影响消化的情况下，尽量饮足。第一次饮量可达2千克，一般为0.75～1.5千克。第二天的日喂量为2.5～4.0千克，以后则为4～6千克。日给量按初生重35～40千克计算，喂奶量相当于体重的1/7～1/6。每日分三次喂给，各次间隔基本相等。如初乳温度下降，需放在热水锅内隔水加温至37～38℃再喂，否则会引起犊牛下痢。

初乳饲喂期，一般为5天。没有初乳时，可用人工初乳代替，其配方为：新鲜鸡蛋2～3个、食盐9～10克、新鲜鱼甘油15克，与0.75千克牛奶充分混匀，加温至38℃喂犊牛。

为了提高新生犊牛抵抗力，可以补充一些三合维生素（A、D、E）制剂，也可用紫外线及红外线照射，红外线照射可以提高白血球的吞噬作用和其他生物活性。

犊牛初次饮乳的方法是，让牛犊臀部紧靠墙角，饲养员用双腿夹住牛的颈肩部，一手端盆，另一手拇指按住犊牛鼻梁，食指和中指蘸奶伸入犊牛口角，让其吮吸，逐渐将牛嘴唇浸到奶液表面教它吃奶，每天要定时、定温（35～38℃）、定量，挤出初乳要趁热喂。值得注意的是，控制犊牛饮奶速度和防止舔癖。

⑤常乳期间饲养

喂常乳　犊牛从出生后第2周开始喂常乳，出生后15天内最好喂母乳，15天以后喂混合常乳。精料条件差的地区，哺乳期可定3～5个月，哺乳量为300～500千克，精料条件好的地区，哺乳期可缩短到2～3个月，哺乳量为300千克左右。在常乳为主要来源的1月龄阶段，每日哺乳量约为犊牛体重的8%～12%，2～3月龄为过渡阶段，随着草料的增加常乳量逐渐减少，即由喂乳逐渐过渡到喂饲料。

犊牛早期补饲　为了让犊牛尽早采食植物性饲料，促进瘤胃发育，减少喂乳量，一般从1周龄后喂干草和青草及精料。饲喂干草时，可在犊牛栏设草架或小篮子，装入优质干草或青草，让犊牛自由采食，喂精料时用小盆装开食料放少许牛奶拌匀引导犊牛舔食。开始时每日每头可喂15～25克，数日后可逐渐增加。1月龄后每日每头可采食250～500克，2月龄时可采食500～1 000克，3～4月龄可采食1.25～2千克，5～6月龄可采食2～2.5千克。

饮水　犊牛生后1周即可开始训练饮水，先在水中加一些牛乳，水要烧开，晾至37℃。

⑥乳用犊牛早期断奶　犊牛早期断乳具有节约商品乳和劳动力，降低犊牛培育成本和犊牛死亡率，促进消化器官的迅速发育，更具有发挥母牛生产力等优点。国内外大量试验研究表明，犊牛哺乳期缩短为3～5周，喂乳量控制在100千克以内，甚至可以减少到20千克全乳，而代之以人工乳和代乳料是完全能办到的。

a. 犊牛时期断奶方案拟定　各国现行的方案由于各种因素影响不尽相同。表5-5、表5-6分别为日本和美国的犊牛早期

断奶培育方案。

表 5-5　犊牛培育方案（日本）

（单位：千克/头·天）

日　龄	喂乳量	开食粥料	干草	饮　水	喂奶次数
1～7	3～4.5				
8～35	4.5	0.2～0.3	自	开始训练饮水	每天2次
36～49	3.5	0.5～1.0	由	15日前沸水晾	
50～60	2.0	1.0～1.3	采	凉至36℃，15	56日开始晚
61～90		1.5～2.5	食	日后常水	间一次
合计	200～150	60～120			

表 5-6　乳用犊牛早期断奶培育方案（美国南达科他州立大学）

日　龄	牛　奶	有限喂量（千克）		早期断乳（千克）	
		大型品种	小型品种	大型品种	小型品种
0～3	初　乳	2.7	1.8	2.7	1.8
4～24	全　乳	3.2	2.2	3.2	2.2
25～31	全　乳	3.2	2.2	1.4	1.4
32～38	全　乳	3.2	2.2		
39～45	全　乳	2.2	1.8		
46～52	全　乳	0.9	0.9		
合　计		133.8	98.7	76.4	57.3

根据我国目前乳牛饲养实际情况，乳用犊牛总喂乳量200千克以下，2月龄断奶，可视为早期断奶。下面介绍北京市北郊农场早期断奶方案及具体做法。早期断奶犊牛哺乳期为45日龄，哺乳量为162.5千克。早期断乳方案见表5-7。

表 5-7　北京某农场犊牛早期断乳方案

		11～30	31～45	46～60	61～75	76～90	合计
哺乳量（千克/天）	4.5	3.875	2.67				162.5
代乳料（千克/天）	0.25 从5日龄开始	0.375	1	1.58	2.08	2.42	115

犊牛早期断奶步骤是，初生至7日龄喂初乳，8日龄起喂常乳。从11日龄起将每日喂奶3次改为2次。从5日龄起，训练采食代乳料与优质干草拌的潮湿料。

代乳料饲喂量是，1月龄喂至0.75千克；45日龄喂至1.5千克左右；以后逐渐增加至2.5千克左右。犊牛3～6月龄，每日每头犊牛喂给普通混合精料2.5千克，自由采食优质干草和青贮饲料。在哺乳期间让犊牛饮水。45日龄前饮水温度30℃，每日给水1～2升，气候炎热时饮水量加大。如饮水不足犊牛会发生急性臌胀，很快死亡。

内蒙古农业大学的42天犊牛断奶方案如下（图5-1）。

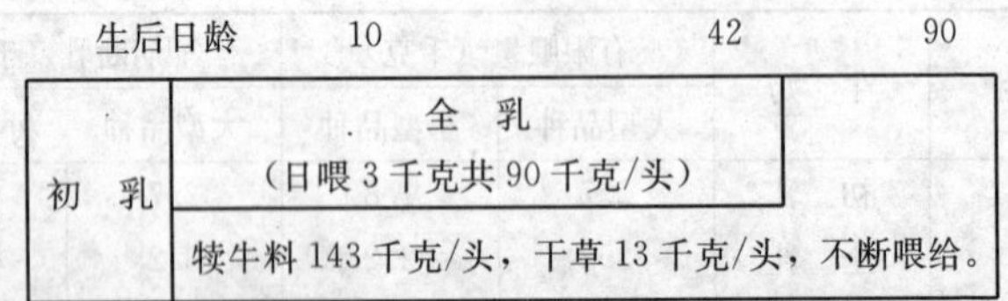

图5-1 内蒙古农业大学制定的42天犊牛断奶方案

该方案具体操作是，出生后10天内，犊牛用其母所产的初乳进行哺喂。在11～42日龄内将全乳3千克分两次分别于早晚饲喂，奶温38℃。从11日龄开始，自由采食特制的犊牛料和干草。42日龄断乳，只喂犊牛料和干草。11～42日龄共喂犊牛料17.71千克，日平均0.54千克；干草1.55千克，日平均0.05千克。43～91天，共喂犊牛料125.59千克，日平均2.56千克；干草11.13千克，日平均0.23千克。经常供给饮水，每头日供水1～2升，冬季需给30℃温水。

b. 人工乳配制 人工乳是以乳业副产品为主的商品饲料。一般配制方法是将一定比例的动物脂肪、植物油、磷脂类、糖类、维生素和矿物质等加入脱脂乳粉中，配成与全乳营养成分相似，并为犊牛消化利用的人工乳粉，其营养指标主要是蛋白质和脂肪的含量，蛋白质含量不得低于20%，脂肪10%，粗纤维含

量低于5%，含有丰富的维生素和矿物质。常用人工乳配方见表5-8。

表5-8 人工乳配方（%）

原料＼例	A	B	C	D
脱脂乳粉	74.8	83.6	60	60
乳清粉	—	—	14.8	9
牛油	20	11.2	20	20
鱼精	4	4	4	—
白鱼粉	—	—	—	5
大豆粕	—	—	—	5
综合维生素	0.5	0.5	0.5	—
综合矿物质	0.7	0.7	0.7	—
维生素A（国际单位/千克）	—	—	—	4 000
维生素D（国际单位/千克）	—	—	—	1 000
维生素E（国际单位/千克）	—	—	—	250
Neomycin（毫克/千克）	—	—	—	70

由于脱脂乳粉提供的乳蛋白质成本昂贵，来源短缺，因此，国内外在人工乳和代乳料中蛋白质来源方面用大豆蛋白代替乳蛋白取得了满意的效果。具体方法是将大豆粉经过0.05%氢氧化钠溶液处理后，在37℃焖7小时，然后用盐酸中和至中性，再同其他原料混合，经巴氏灭菌后冷却到35℃，最后加入维生素，按体重的1/10喂给。具体配方例见表5-9。

表5-9 人工乳配方

原　　料	每50千克人工乳含量（千克）
豆　　粉	5.00
氢化植物油	0.75
乳　　糖	1.46
含5%金霉素溶液	0.008
蛋 氨 酸	0.044
混合维生素	0.124
微量元素	0.037
丙 酸 钙	0.304

c. 代乳料　它是犊牛由人工乳为主转向完全采食植物性饲料过渡的中间饲料。具有适口性强，易消化和营养丰富的特点。代乳料可分为粉状或粒状，但粒径不宜过大，一般为0.32厘米直径为宜。代乳料含蛋白质不能少于16%，粗脂肪7.5%～12.5%，干物质72%～75%，粗纤维不高于6%。该饲料是根据犊牛营养需要用精料配制的。乳用犊牛只能用低脂肪代乳料、肉用犊牛可用高脂肪代乳料。表5-10为国内外一些代乳料的配方。

表5-10　犊牛代乳料配方（%）

原料＼配方	日本市售	美国伊俄诺大学	美国庆俄华大学	澳大利亚（自制）	黑龙江某公司	
					1	2
豆饼	20～30	23	17	20	29	20
亚麻饼	—	—	15	—	10	10
玉米	40	40	16.5	48	30	25
高粱	—	—	—	—	—	10
燕麦	5～10	25	20	20	20	—
小麦麸	—	—	10	—	10	10
鱼粉	5～10	—	10	8	10	—
糖蜜	4	8	5	3	—	10
苜蓿草粉	3	—	5	—	—	5
油脂	5～10	—	—	—	—	—
维生素	—	—	—	—	—	—
矿物质	2～3	4	1.5	1	3	5

（4）育成牛与青年牛饲养技术。后备牛从6月龄到配种年龄（15～16月龄）称为育成牛，从配种怀孕到产犊（18～24月龄）称为青年牛。

①营养需要　见表5-11。

表5-11　育成牛、青年牛日粮营养需要

划分＼阶段	月龄	达到体重（千克）	奶能单位（NND）（个）	干物质（DM）（千克）	可消化粗蛋白（P）（克）	钙（克）	磷（克）
育成期	7～12	280～300	12～13	5.0～7.0	400～430	30～32	20～22
	13～18	400～420	13～15	6.0～7.0	420～480	35～38	32～34
青年期	19～初产	500～520	12～18	7.0～9.0	470～570	45～47	32～34

②日粮要求　精料给料标准：头日量分别为2.0～2.5千克和3.0～3.5千克。

其他粗饲料给料标准：青饲料头日分别为10～15千克和15～20千克；干草头日量分别为2.0～2.5千克和2.5～3.0千克。

注意：此时期的青年牛防止过肥。

③饲养技术　犊牛满6个月即转入育成牛群。育成牛是生长发育最旺盛阶段，如果饲养管理不良，则生长迟滞，延迟配种时间，影响一生的生产效能。因此，育成阶段对奶牛的体型、体重、产乳及适应性的培育意义较犊牛期更为重要。

育成牛阶段培育的目标是保证乳牛正常生长发育，培养温驯的性情和适时配种，尽早投入生产。具体要求是11～12月龄达到性成熟，体重270千克左右。16～18月龄体重340～380千克左右，日增重600～700克。据研究，在育成牛的生长发育阶段存在一个临界期，大型品种活重在90～300千克，小型品种在60～210千克。临界期当营养水平过高而使该时期日增重分别超过700克和500克时，母牛头胎分娩后产奶量降低，临界期以后。如果提高营养水平而使增重超过此限，产奶量反而可以提高。其原因是在临界期，高营养水平培育下的育成母牛乳腺组织含量永久减少，同时还可以导致生乳素的减少，从而导致产乳量降低。

a. 7～12月龄　该阶段是性成熟时期，性器官和第二性征发育很快，体躯向高度急剧生长。前胃已相应发达，容积扩大1倍左右，因此在饲养上要求供给足够的营养物质，日粮要有一定容积以刺激前胃的发育。育成牛的日粮应以青粗饲料为主，适当补喂精料。按100千克活重计算，青贮5～6千克，干草1.5～2千克，秸秆1～2千克，精料0.8～1.2千克。

b. 13～18月龄　育成牛的消化器官发育接近成年牛，又无妊娠和产乳负担。为了刺激其进一步增长，日粮应以青粗饲料为主，按干物质计算粗料占75%，精料占25%，要注意补充钙、磷、食盐和必要的微量元素。

饲养后备公牛，对容积大的多汁饲料和秸秆必须控制饲喂量，可适当喂给青贮饲料以促进食欲。6月龄后的青贮料喂量以月龄乘以0.5为准，一周岁以上，总日喂量以8千克为限，青刈或块根类，大体上也按这个标准喂给。

c. 19～产犊前半个月　这时牛已配种受胎，体躯显著向宽、深方向发展。在丰厚的饲养条件下，母牛在体内容易沉积脂肪。这一段饲养既不能过肥，也不能过于贫乏，仍按育成牛饲养。日粮应以优质干草、青草、青贮料及根茎类为主，精料适当少喂，但分娩前2～3个月，由于胎儿迅速增长，又要为泌乳打下基础，因此，每日精料不得少于2～3千克，根据妊娠牛的体况可逐渐增至4千克以上，尤其是维生素A、钙、磷应充分供应。

2. 后备牛的管理

(1) 犊牛的管理。犊牛出生后最重要的是卫生管理工作和防病工作。

①哺乳　人工喂养犊牛，喂奶要做到四定：定时、定量、定温、定人。要特别注意哺乳用具的卫生，每次用后，要及时洗净，放置妥当，定期消毒，饲槽用后也要清洗干净。在饲喂两头以上犊牛时，必须用颈架夹住，喂毕用毛巾将口周围残留乳汁擦净，防止互相乱舔，使被舔犊牛造成乳头炎及脐炎等，同时也可防止舔食的毛在胃内形成毛球，影响消化和健康，而且，大小不一的毛球往往会堵塞食道、贲门或幽门而致犊牛死亡。

②育犊　犊牛出生后应及时放进育犊室（栏）内。犊牛室（栏）大小为1.5～2米^2，每犊牛一栏，隔离管理。出产房后，可转到犊牛栏（岛）中，集中管理。栏内要保持清洁干燥，定期消毒。犊牛舍要保持室内明亮、通风良好、冬暖夏凉。禁忌把犊牛放入阴、冷、湿、脏和忽冷忽热的牛舍饲养。

③运动　犊牛出生1周后根据天气状况在运动场自由活动，

随日龄增加运动时间，一般每天不应少于4小时。

④刷拭　刷拭既可保持牛体清洁，促进血液循环，又可调教犊牛。因此，每天刷拭1～2次。刷拭时要用软刷，手法要轻，使牛有舒适感。

⑤保健护理　平时注意观察牛的精神状态、食欲、粪便、体温和行为有无异常，犊牛发生轻微下痢，应减少喂乳量，乳中加1～2倍水，下痢重时，应暂停喂乳1～2次，可喂饮温开水加0.01%的高锰酸钾溶液。下痢和肺炎，对犊牛威胁很大，要认真预防和治疗。

⑥去角　犊牛出生后10天以内去角。去角的方法是先在生角基部周围涂上凡士林油，然后用氢氧化钠或氢氧化钾棒涂擦生角基部，直至皮肤出血为止。也可用烙铁烙，达到破坏角的生长点。去角后的犊牛要隔离饲养，防止互相舔食。夏秋季节避免发炎、化脓，采取消炎措施。

⑦分群　按月龄、体重断奶后分群管理，每月测体重一次。

⑧转群　满6月龄时测体尺、体重，转入育成群饲养。

生产实践中养好犊牛的关键是：喂好初乳，控制奶温，适当补料；掌握天气，防止感冒；经常运动，勤扫粪尿；医饲合作，互通情报；发现疾病，及时治疗。

（2）育成牛的管理。

①7～18月龄为育成牛阶段，可按7～12月龄、13～18月龄分群管理。公母犊合群饲养时间以4～6个月为限，以后应分群饲养。育成公牛8～10月龄穿鼻，带上鼻环。第一次带的鼻环宜小，以后随年龄增长更换大的鼻环。

②观察记录每头牛的初情期。对长期不发情的母牛，应进行检查。

③15月龄且体重达370千克时开始配种。

（3）青年牛的管理。19月龄至初产为青年牛阶段。

①母牛配种妊娠后，饲养管理必须耐心、细心，经常通过刷

拭牛体、按摩乳房等与之接触，使之养成温顺习性。

②注意消除可能造成流产的隐患，如冬季勿饮冰渣水，防止牛舍地面结冰，上下槽不急赶，不喂发霉冰冻变质饲料。

③按摩乳房。一般从妊娠 5～6 个月开始按摩乳房，每天 1～2次，每次 3～5 分钟，至产犊半月前停止按摩。严禁试挤奶。

（二）泌乳牛的饲养管理

泌乳牛饲养管理的主要任务是为人们提供量多、质优的奶，同时要处理好产奶与健康、产奶与繁殖两个关系。因此，创高产、保健康、保繁殖是泌乳牛饲养管理的中心。

成乳牛饲养管理可分为三个阶段：泌乳期、干乳期、围产期。在这几个阶段，母牛的产奶量、健康状况及繁殖情况，都与营养有着密切的关系。

1. 乳牛的饲养管理原则

（1）注意日粮的类型和质量。乳牛的日粮应坚持以粗饲料为主，精饲料为辅的原则。按饲料干物质计算，精饲料应占35%～40%，粗饲料应占 60%～65%。粗饲料给量按干物质计算要达到母牛活重的 1%～1.5%，精料给量取决于产奶量的高低，一般每产 1 千克牛奶给 200～300 克。每头牛每天摄取 17～21.5 千克干物质，其中精料占 36%～40%，日粮含 14%～18%的粗蛋白质，17%的粗纤维。为了预防母牛消化和代谢紊乱，牛的日粮中应有一定的粗纤维和粗饲料，日粮中还必须含有 35%～40%的精饲料，只有这样才能保持瘤胃的 pH 和渗透压及正常的瘤胃微生物区系，保持正常的瘤胃发酵，利于乳脂率和产奶量的增加。

泌乳牛的日粮必须多样化且适口性好。乳牛是一种高产动物，每天从体内排出大量的营养物质，因此，日粮组成必须多样配合且适口性要好，日粮最好要有两种以上的粗料（干草、秸秆、黄贮）、2～3 种多汁饲料（青贮和根茎）和 4～5 种以上的

精饲料组成。精料混合均匀或加水烫成粥状。为了提高饲料的适口性，可以添加甜菜渣、糖蜜和淀粉浆等甜味饲料，这在使用非蛋白氮饲料的配合日粮时尤为重要。

日粮要有一定的容积和浓度。泌乳牛每日干物质的采食量随其体重、泌乳量和饲粮的质量变化很大。饲料干物质采食量高低，对于维持泌乳牛的高产、稳产和体质健康关系很大。因此，在日粮配合时，既要满足乳牛对日粮干物质的需要，也不能超出乳牛采食量所允许的范围。日粮必须达到一定的能量浓度。据研究，日粮干物质代谢能的浓度（M/D）达 11MJ 时，饲粮中的泌乳净能含量才会高。

泌乳牛的日粮中精料供给的多或少，应根据年泌乳量而定。年产 3 000 千克的母牛，日粮中精料的比例为 15%～20%；3 000～4 000 千克，20%～25%；4 000～5 000 千克，25%～35%；5 000～6 000 千克，40%～50%。当粗饲料品质优良时，可取下限，粗饲料品质较低劣时，可取上限。泌乳牛粗精饲料的参考用量见表 5-12、表 5-13。

表 5-12　泌乳牛的精饲料给量

（单位：千克，克）

每天产乳量	＜10	10～15	15～20	20～25	25～30	＞30
每产 1 千克乳的精料给量（克）	100 克以内	150	200	250	30	350
每头牛每天的精料给量（千克）	2 千克以下	3～4	4～5	5～6	7～9	10～15

日粮要有轻泻性。麸皮是常用的轻泻饲料，可以在奶牛的日粮中占到精料的 25%～40%，还可以饲喂具有轻泻作用的青草和根茎类饲料。

乳牛日粮的组织工作，必须保证蛋白质饲料、青绿多汁饲料全年内均衡供给，才能创造高产。

表 5-13　不同体重母牛的粗料日给量

（单位：千克）

粗料量 \ 多汁饲料日喂量 \ 体重		中等给量				最大给量			
		300	400	500	600	300	400	500	600
不喂多汁饲料		10	11	12	13	14	16	18	20
喂多汁饲料时	5～10	9	10	11	12	13	15	17	18
	15～25	7～8	8～9	9～10	10～11	12	14	15	16
	30～40	6～7	7～8	8～9	9～10	11	13	14	15

（2）饲喂技术。

①定时定量、少给勤添　定时定量，可使牛的消化器官处于正常状态，可使牛的消化腺分泌在采食前条件反射活动增强，保证消化吸收良好。突然提前上槽，由于食欲反射不强，牛必然挑剔饲料，消化腺分泌不足，而影响消化机能；临时推迟上槽，会使牛饥饿不安，打乱消化腺分泌活动，影响饲料消化和吸收。每次饲喂都要掌握饲料的合理喂量，过多过少都影响母牛的健康和生产性能的发挥。少给勤添，以保证旺盛的食欲，使牛吃好吃饱，不浪费饲料。北京双桥农场总结多年来的饲养经验，实行干草—青贮—精料—青贮—粥—青贮—精料—粥，具体做法是："先添干草牛上槽，一次青贮一次料，二次青贮一次粥，三次青贮二次料，最后用粥收剩草"。多年来保持全国奶牛高产水平。

②饲料清筛，防止异物　喂牛的精料、粗料要用带有磁铁的清选器清筛，除去夹杂的铁钉、短铁丝、玻璃碎片、石块等尖锐异物，以免造成网胃、心包创伤。此外还应保持饲料清洁，切忌使用霉烂、冰冻饲料喂牛。

③更换饲料逐步进行　由于牛瘤胃微生物区系形成需20～30天，一旦打乱，恢复很慢。因此，在更换饲料种类时，必须逐渐进行。奶牛进入青饲主要阶段，虽然幼嫩青草奶牛很喜欢吃，但吃的过多，不易消化，产生膨胀或其他胃肠疾病。只有慢慢地减少被代替饲料，逐渐增加新的饲料，采用慢慢过渡的方法比较安

全。过渡时间应在 10 天以上。

（3）饲喂次数及顺序。奶牛饲喂次数一般与挤奶次数相一致，多实行三次挤奶，三次饲喂，运动场还要设补饲槽，供奶牛自由采食。个体饲养户也可实行两次饲喂，两次挤奶。

饲喂的顺序应是先粗后精、先干后湿、先喂后饮。先喂粗饲料，奶牛可以尽量多采食粗饲料，保证奶牛正常反刍和消化，当粗料采食不多时，再拌上精料。这样，在整个饲喂过程中奶牛会保持良好的食欲。

（4）饮水。乳牛饮水量较大，据报道日产奶 50 千克左右的高产奶牛，每天需水 100～140 千克，低产奶牛需水 60～75 千克，干乳奶牛需水 35～55 千克。饮水不足就会直接影响产奶量。给予良好的饮水条件，不仅有利于健康，而且还能提高产乳量 4%～10%。运动场上要设饮水槽让奶牛自由饮水，冬季水温不得低于8～10℃。

（5）运动。运动能帮助消化，增强体质，促进泌乳，提高繁殖率和受精率，要求每天逍遥运动不少于 6 小时。据报道，对母牛每日驱赶 3 000 米，可以提高产乳量和乳脂率，但不得让奶牛剧烈运动。

（6）刷拭。刷拭可清除奶牛体污物，促进血液循环。刷拭应在挤奶前半小时结束，以防尘埃污染牛奶。

刷拭的方法是：饲养员以左手持铁刷，右手执棕毛刷，先由颈部开始，依次为颈—肩—背腰—股—腹—乳房—头—四肢—尾。刷完一侧再刷另一侧，刷时先用棕毛刷逆毛刷去，顺毛刷回，再在铁刷上刮掉污垢。要注意一刷接一刷，遍及全身。对刷不下去的污垢可用水润湿，再用铁刷轻轻刮掉。

盛夏气温高，为促使皮肤散热，用清水洗牛体，既有助于卫生，又有防暑、降温，提高奶量作用。

（7）护蹄。防止牛蹄疾病，应使牛床干燥，勤换垫草，运动场应干燥不泥泞，并给牛洗蹄和修蹄，对奶牛要经常放牧，锻炼肢蹄。

（8）创造良好的空气环境。0～21℃对荷斯坦奶牛无大影响，一般以6～8℃为宜，高温低湿，低温低湿都影响奶牛热调节，影响产奶量，30℃以上影响更大。因此，7～8月要防暑降温，冬季要防寒保温，具体措施是：夏季有良好通风措施，牛舍周围要植树遮阳，减少7、8月产犊头数。冬季牛舍保温，一是要防风，特别是防贼风和穿堂风；二是防湿，减少体散热，否则牛会感到寒冷，降低产奶量。

2. 泌乳牛的饲养管理

对泌乳牛饲养管理的要求是，泌乳曲线在高峰期比较平稳，下降较慢，才能获得高产。应保证母牛具有良好的体况及正常繁殖机能。根据母牛不同阶段的生理状态、营养物质代谢的规律、体重和产奶量的变化泌乳期可分以下四个阶段。

（1）围产后期，分娩后至第15天。

（2）泌乳盛期，分娩后第16～100天。

（3）泌乳中期，分娩后第101～210天。

（4）泌乳后期，分娩后第211天至停奶。各阶段营养需要见表5-14。

表5-14　泌乳牛各阶段日粮营养需要

阶段划分	产奶天数或日产奶量	干物质占体重（%）	奶能单位（NND）（个）	干物质（DM）（千克）	粗纤维（CF）（%）	粗蛋白（CP）（%）	钙（Ca）（%）	磷（P）（%）
围产后期	0～6	2.0～2.5	20～25	12～15	12～15	12～14	0.6～0.8	0.4～0.5
	7～15	2.5～3.0	25～30	13～16	13～16	13～17	0.6～0.8	0.5～0.6
泌乳盛期	20千克	2.5～3.0	40～41	16.5～20	18～20	12～14	0.7～0.75	0.46～0.5
	30千克	3.5以上	43～44	19～21	18～20	14～16	0.8～0.9	0.54～0.6
	40千克	3.5以上	48～52	21～23	18～20	16～20	0.9～1.0	0.6～0.7
泌乳中期	15千克	2.5～3.0	30	16～20	17～20	10～12	0.7	0.55
	20千克	2.5～3.5	34	16～22	17～20	12～14	0.8	0.60
	30千克	3.0～3.5	43	20～22	17～20	12～15	0.8	0.60
泌乳后期		2.5～3.5	30～35	17～20	18～20	13～14	0.7～0.9	0.5～0.6

（1）泌乳牛各阶段饲养管理。

①围产后期饲养管理　围产后期从分娩至第15天，母牛刚刚分娩，机体衰弱，牛体抵抗能力降低，消化机能减弱，食欲较差，产道尚未恢复，乳腺和循环系统机能不正常，产乳量逐渐上升。该阶段饲养重点是作好母牛体质恢复工作，减少体内消耗，为泌乳盛期打下基础。为防止发生代谢紊乱，导致患酮血病或其他代谢疾病，应严禁过早催乳。

产后母牛护理应在分娩后0.5～1小时，要喂温热麸皮盐水汤，麸皮约1千克、盐100克，水约10千克，以补分娩时体内水分的损失，增加腹压。随后清除污秽垫草，换上干净垫草。以上工作完毕之后，开始挤乳保证犊牛在1小时内吃上初乳。

产后2～3天，喂给易于消化的饲料，适当补给麸皮、玉米，青贮料10～15千克，优质干草2～3千克。

分娩后4～5天，根据牛的食欲情况，逐步增加精料、多汁饲料、青贮和干草的给量，精料每日增加0.5～1千克，直至产后第7天达到泌乳牛日粮给料标准。在增加精料过程中，如见母牛消化不良，粪便有恶臭，乳房未消肿有硬结现象时，则应适当减少精料和多汁饲料的喂量，直至水肿消失、乳腺及循环系统已经恢复正常后，才可将饲料喂到定量标准。

母牛产后1周内应充分供给温水（36～38℃），不宜喂冷水，以免引起肠炎等疾病。

产后母牛5天内，不可将乳房内的乳全部挤干净，乳房内留部分乳汁，以增高乳房内压，减少乳的形成，避免血钙进一步降低，防止血乳和母牛产后瘫痪的发生。一般产后0.5小时就可以挤乳，第1天每次挤乳量大约2千克，以够犊牛吃即可，第2天挤出全乳量的1/3，第3天挤出1/2，第4天挤出3/4，第5天全部挤净。为尽快消除乳房水肿，每次挤奶时要用50℃左右温水擦洗和按摩乳房。

②泌乳盛期饲养管理　母牛产后16～100天，这个时期称泌

乳盛期。此期乳牛的生理特点是乳房水肿消失，乳腺和循环系统机能正常，子宫恶露基本排除，体质恢复，代谢强度增强，机体甲状腺、生乳素、催乳素分泌均衡，乳腺活动机能旺盛，产奶量不断上升，一些对产奶有不良影响的外界因素起不到干扰作用。这一段进行科学饲养管理能使母牛产乳高峰更高，持续时间更长。据研究，正常情况下，最高日产奶量每提高 1 千克，全泌乳期多产 200 千克奶。为此，抓好泌乳盛期饲养管理是夺取高产的关键。

泌乳盛期能量与氮的代谢易出现负平衡。泌乳高峰一般多发生在产后 4～6 周，高产奶牛多在产后 8 周左右，最高采食量在 12～16 周，易出现能量和氮的代谢负平衡，靠体内贮积的营养来源满足泌乳需要。由于大量泌乳体重下降，高产奶牛体重可下降 35～45 千克。泌乳盛期过后往往出现产奶量突然下降，不仅影响产奶还拖延配种时间，易出现屡配不孕及酮血病。

营养需要　按体重 550～650 千克、乳脂率 3.5%的奶牛日耗营养需要计算（表 5-14）。

日粮要求

a. 精料给料标准　日产奶 20 千克给 7.0～8.5 千克；日产奶 30 千克给 8.5～10.0 千克；日产奶 40 千克给 10.0～12.0 千克。

b. 粗饲料给料标准　青饲料、青贮料头日给量 20 千克；干草 4.0 千克；糟渣类头日给量 12 千克以下；多汁饲料头日给量 3～5 千克，日产奶 40 千克以上，应注意补给维生素及其他微量元素。

c. 精、粗饲料比 65∶35～70∶30。

为确保牛体健康，提高产乳量，确保繁殖能力，饲养上采取的措施是：在干乳期和泌乳初期，按饲养标准给予充分饲养，使体内贮积较多的营养，以供高峰期泌乳需要，减缓体重下降速度。否则，很难保持平稳有效的生产。生产实践中，多诱导母牛

摄取营养，以满足母牛产奶需要，常用的饲养方法有以下几种。

引导饲养法　这种方法是在一定时期内采用高能量、高蛋白质口粮喂牛，以促进大量产乳，引导泌乳牛早期达到高产。具体方法是，从母牛干乳期最后两周开始，每头牛喂给 1.8 千克的精料，以后每天增喂 0.45 千克，直到 100 千克体重吃到 1.0～1.5 千克的精料为止，再不增加喂料量（如 500 千克体重的牛，每天精料最多吃到 5.5～8.0 千克，在 14 天内共喂料 60～70 千克）。母牛产犊后 5 天开始，继续按每天 0.45 千克增加料，直至泌乳高峰达到自由采食，泌乳高峰后再按产奶量、含脂率、体重调整精料喂给量。

引导法有下列优点：可使母牛瘤胃微生物在产犊前得到调整，以适应高精料日粮；可使高产母牛产前体内贮备足够的营养物质，以备产乳高峰期应用；促进干乳母牛对精料的食欲和适应性；可使多数母牛出现新的产乳高峰，增产趋势可持续整个泌乳期（图 5-2）。

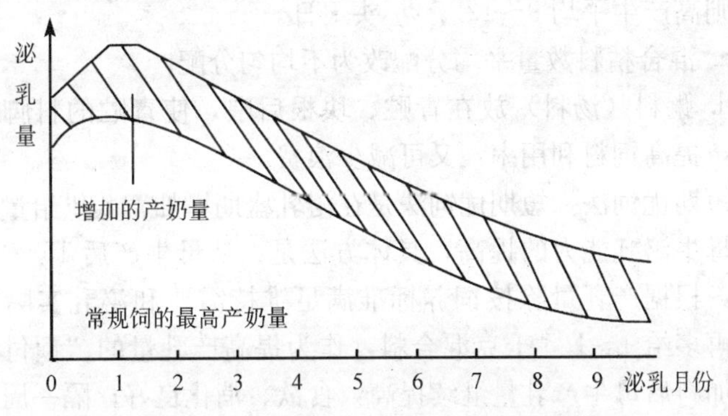

图 5-2　“引导”饲养与常规饲养泌乳曲线比较

应当指出，不是所有母牛对引导饲养法都有良好的适应性。生产实践中，奶牛引导饲养法应因牛而宜，区别对待。据上海市牛奶公司叶兆云等报道：初产后 16～100 天的泌乳盛期奶牛，采用引导法饲养符合泌乳盛期的生理机制，料增加多少，奶就增加多少。只要牛只食欲旺盛，身体健康基本恢复，在不影响其健康的前提下，渐进加料，给量可达体重1.5%～2.3%；一般母牛平均喂量6～7千克/头·天，高产牛最高可达15千克/头·天，同时提高干物质采食量，优质干草不少于体重0.5%，精粗料比可达65∶35。区别对待的目的，首先是解决高产牛不多吃、低产牛不少吃的拴系混群大锅饭的弊端，其次是可提高饲料利用率，充分发挥泌乳牛的潜力。

在饲养方面有如下几点改革：

a. 混合精料与副料混合饲喂改为分成4次饲喂。将精料分成基础料、副料、粥料、营养料四道料分开发，前三道料按牛头数分配基本上均匀分发，后一道营养料按高产牛、体弱牛、泌乳盛期牛分发，其他牛不供应。

b. 高产牛的混合精料给量明显高于一般牛只。规定：春冬季泌乳牛日产25千克以上，夏秋两季日产22.5千克以上，供应营养料1～5千克/头·日。假如一般牛平均精料6～7千克/头·日，则高产牛平均9～12千克/头·日。

c. 混合精料数量平均分配改为不均匀分配。

d. 粥料（汤料）放在青贮、块根后喂，使青贮的料脚充分舔光，提高饲料利用率，又可减少浪费。

短期优饲法　短期优饲法是在泌乳盛期增加营养供给量，以促进母牛泌乳能力的提高，具体方法是：从母牛产后15～20天开始，根据产乳量除按饲养标准满足维持需要和泌乳实际需要外，再多给1～1.5千克混合料，作为提高产乳量的“预付”饲料，加料后母牛产乳量继续提高，食欲、消化良好；隔一周再调整一次。

在整个泌乳盛期，精料的给量随着产乳量的增加而增加，直至产乳量不再增加为止。日粮组成按干物质计算，精料最大给量可达到60%，以后随产乳量下降而逐渐降低饲养标准，改变日粮结构，减少精料比例，增喂多汁饲料和青干草，使母牛泌乳量

平稳下降，在整个泌乳期可获得较高的产量。此法适于一般产乳量的奶牛。

更替饲养法　这种方法的具体做法是定期改变日粮中各类饲料的比例，增加干草和多汁料喂量、交错增减精料喂量，以刺激母牛食欲，增加采食量，从而达到提高饲料转化率和提高产乳量的目的。通常的做法是：每隔 7～10 天改变 1 次日粮组成，主要是调节精料与饲草的比例，日粮总的营养浓度不变。

在泌乳盛期，为了使母牛吃足饲料，应延长采食时间，增加饲喂次数，还要按摩乳房，供给充足的饮水，经常保持牛舍清洁卫生。应观察牛的消化机能及乳房情况是否正常。认真做到合理投料，防止发生乳房炎和肠道疾病。

乳牛产犊后 40～50 天，出现产后第一次发情，此时要做好配种工作。产后 60 天尚未发情的乳牛，应及时诊治。

③泌乳中期饲养管理　产后 101～210 天，此阶段泌乳母牛生理特点是，母牛处于妊娠期，催乳素作用和乳腺细胞代谢机能减弱，产乳量随之下降，按月递减率为 5%～7%。饲养任务是减缓泌乳量下降速度，保持稳产。

营养需要　按体重 600～700 千克，乳脂率 3.5%的奶牛日粮营养需要计算（表 5-14)，在此期间母牛应恢复到正常体况，每头日应有 0.25～0.5 千克的增重。

日粮要求

a. 精料给料标准　日产奶 15 千克给 6.0～7.0 千克；日产奶 20 千克给 6.5～7.5 千克；日产奶 30 千克给 7.0～8.0 千克。

b. 粗料给料标准　青饲、青贮每头日给量 15～20 千克；干草 4 千克以上；糟渣类 10～12 千克；块根多汁类 5 千克。

由于泌乳中期产奶量下降，可以采取措施减慢下降速度，具体措施是：饲料要多样化，营养保证全价而且要适口性好，适当增加运动，加强按摩乳房，保证充分饮水。

④泌乳后期饲养管理（产后 211 天至干乳）　泌乳后期生理

特点是：母牛处于妊娠后期，胎儿生长发育快，胎盘激素、黄体激素作用强，抑制脑垂体分泌催乳素，产奶量急剧下降。

营养需要　见表 5-14。

日粮要求

a. 精料给料标准：6～7 千克。

b. 其他粗料给料标准　青饲、青贮，头日量不低于 20 千克；干草 4～5 千克；糟渣和多汁饲料不超过 20 千克。

饲养标准按体重、产奶量、乳脂率每 1～2 周调整一次，膘情差的牛可在饲养标准基础上再提高 15%～20%。

（2）关于添加剂的应用。科学研究和生产实践证明，发挥泌乳牛，特别是高产母牛的生产潜力，必须提供充足的高能量饲料，但选用富含酸度大的青贮玉米、青草和产酸谷物禾本科籽实构成日粮时，如果粗纤维采食不足，势必导致形成过多的酸性产物，pH 降低，瘤胃微生物被抑制（pH6.7～7.1 时纤维素消化率高），奶牛不能发挥生产潜力，甚至引起疾病，如厌食、胃炎、酸中毒、蹄叶炎、肝脓肿、酮血病、脂肪肝、皱胃变位等，严重影响奶牛生产力的发挥。为此，在饲料中添加缓冲剂在实践中很有必要。

奶牛上常用的缓冲剂有：碳酸氢钠、碳酸钙、碳酸镁、碳酸氢钾、氧化镁、氢氧化钙。添加剂适宜的使用时期：

①泌乳早期，泌乳牛表现厌食，干物质摄入量降低，干草采入量低于 2.25 千克/头·日时方可使用。

②牛有亚临床酸中毒症状，乳蛋白含量正常，乳脂率急剧下降，母牛处于热应激状态，牛采食量忽高忽低变化的情况下。

③泌乳牛的日粮组成主要是青贮玉米青草、发酵糟渣（甜菜渣、啤酒糟、粉渣），日粮干物质含量低于 50%，酸性洗涤纤维低于 19%。

④高精料、低粗料的日粮型，精料喂量大，喂量高于体重的 2.5%，每次喂量达 3 千克以上，粗料采食量低。

常用缓冲剂的使用量：碳酸氢钠使用时，应占混合精料1%～1.5%，大约每日每头可给100～230克。使用氧化镁时，应占混合料的0.75%～1.0%。用碳酸氢钠、氧化镁复合剂效果较好，其比例应为2～3∶1。但应指出，实践证明氧化镁若含量过高时，会引起日粮采食量过低的现象。

添加碳酸氢钠及氧化镁时，短期饲喂会引起精料采食量低的现象。这种现象只能维持两周左右时间。因此，饲用时应逐渐增加用量，开始时按0.5%、1.0%、1.5%逐渐加喂，使奶牛有一段适应时间；连续喂用如出现消化代谢紊乱时应暂停使用，待恢复正常时再喂，补饲石灰石可做缓冲剂，又补充日粮的钙，用量应控制，日粮总钙不能超过1%～1.2%。

碳酸氢钠在奶牛机体中的主要作用机理，是通过对瘤胃的作用，使瘤胃pH保持6以上，以利于纤维消化和细菌的生长，提高代谢效率，促进可溶性养分通过瘤胃，避免营养物过度降解和pH发生改变，并通过提高有机干物质消化率和消化单位有机干物质的蛋白量最大限度地促进蛋白质的合成；有效地改变瘤胃挥发性脂肪酸中乙酸与丙酸之比，产生易被肠道吸收的挥发性脂肪酸而促进淀粉的消化；而且通过肠道和组织的作用，维持肠道和血清中适宜的pH及缓冲能力，促进酶对小肠中碳水化合物的分解和乳腺对乳脂前体物的吸收，从而稳定和提高奶牛生产性能。

(3) 泌乳牛管理。

①上槽前10分钟引导牛排粪，入舍定位后，刷拭牛体、饲喂、准备挤奶。

②挤奶前先用45～50℃温水洗乳房，擦干、挤出每个乳头的第一把奶，观察乳质、乳头情况，然后开始挤奶。

③手工挤奶用拳握式压榨法，先挤后乳房再挤前乳房，一次挤净，挤后药浴乳头。

④固定挤奶顺序，高产牛早班先挤乳，夜班后挤乳。

⑤挤奶机使用前后都要清洗干净，按操作规程要求放置。

⑥每头牛的奶量要准确记录。挤奶机设有计量显示的，暂每10天测一次奶量。

⑦干乳牛要和泌乳牛分开饲养，控制膘情防止过肥。

3. 高产牛的饲养管理

就目前全国看，初产牛305天产乳量达5 000千克，或经产母牛305天产乳量达7 000千克，即可算高产牛。

（1）高产牛的特点。

①一个泌乳期的产乳量高。

②泌乳初期，从泌乳曲线上看呈直线上升达到顶峰约50～60天，持续1个月高水平。

③达到泌乳顶峰后，产乳量缓慢下降，月平均产乳量递降率5%～8%。

④有机体新陈代谢旺盛，高产期间体温、脉搏、呼吸、血压等生理指标均高于一般牛。

⑤采食饲料量多，饲料的转化率高，对饲料及外界环境反应快。

（2）高产牛的饲养管理。高产牛产乳多，需要营养物质也多，每天约需80～100千克饲料，约折合20～50千克干物质。要消化吸收这些饲料，不仅消化器官紧张，而且整个机体代谢机能都要强。只有强健的体质，才能适应生理机能的强烈活动。所以，高产牛的日粮应全价，适口性要好，易于消化吸收。高产乳牛的饲养要注意以下几点：

①加强干乳期的饲养　为了充分补偿前一泌乳期的损失，贮备充分营养以供产后升乳期营养入不敷出之需，干乳后期需要提高精料水平，使瘤胃微生物区系在产犊前得以调整，适应高精料饲养。这样就能保证泌乳期乳牛最需要能量的时候，供给充足的能量，防止泌乳高峰期过多分解体脂，影响发育和健康。

②提高干物质的营养浓度　通常泌乳期到高峰期是高产牛饲养管理的关键时期。母牛产乳后，产乳量急剧上升，对干物质和

能量等营养物质的需要也相应增加。为了满足营养需要，必须提高干物质的营养浓度，在泌乳初期及高峰期，受采食量、营养浓度及消化率等方面的限制，不得不动用体内的营养物质以满足产乳需要，一般高产牛在泌乳盛期过后，体重要降低35～45千克，甚至更多。母牛体重下降是体蛋白、脂肪和矿物质消耗的结果，如下降过多或下降持续时间较长，容易出现酮血症或性机能障碍。

③保持日粮中能量和蛋白质的适当比例　高产牛产犊后，产乳量逐渐提高，此时常因片面强调蛋白质饲料供应量，忽视蛋白质与能量间的适当比例。一般盛乳期产乳量迅速增长，需要很多能量，如日粮中作为能源的碳水化合物不足，蛋白质就得脱氨氧化供能，其含氮部分则由尿排出。在这种情况下，蛋白质不但没有发挥其自身特有的营养功能，而且从能量的利用率考虑也不经济。

④注意保持高产牛的旺盛食欲　高产牛泌乳量上升速度比采食量上升速度早6～8周。母牛采食量大，通过消化道较快，降低了营养物质的消化率，日粮的营养浓度越高，被消化的比例越低。因此，要保持母牛旺盛的食欲，注意提高消化能力。粗饲料可让牛自由采食，精料日喂三次，产犊后精料增加不宜过快，否则容易影响食欲，每天增量以0.5～1.0千克为宜，精料给量一般每天不超过10千克。

⑤高产牛的日粮要求　高产牛要求容易消化，容易发酵，并从每单位日粮中得到更多的营养物质，即日粮组成不仅考虑到营养需要，还应注意满足瘤胃微生物的需要，促进饲料更快地消化和发酵，生产更多的挥发性脂肪酸。乳中有40%～60%的能量来自挥发性脂肪酸。精料给量中，玉米或高粱比例要适当，可增加些大麦、麸皮的给量，豆科青粗料比禾本科易消化和发酵，含蛋白质也高，带穗玉米青贮，既有青饲料性质，又具精料性质，较易消化。但是，贮存过程中大部分蛋白质被降解为非蛋白质含

氮物，喂饲后经微生物合成蛋白质才被利用，故高产牛日粮中不宜过多饲喂青贮料。

（三）干乳牛的饲养管理

泌乳牛在下一次产犊前有一段停止泌乳的时间，称干乳期。干乳是母牛饲养管理过程中的一个重要环节。干乳方法效果的好坏、干乳期长短及干乳期的饲养管理，对胎儿的发育、母子的健康及下一个泌乳期的产奶量有着直接影响。

1. 干乳的意义

乳牛经过长期泌乳和妊娠胎儿生长发育消耗大量的营养物质。妊娠后期胎儿发育快，初生犊牛体重的60%在干乳期内发育完成。因此，通过干乳期休息，调整日粮，加强营养，恢复体质，可保证胎儿的正常生长发育和增重，获得健壮的犊牛。

干乳期间乳腺分泌活动停止，乳腺组织特别是乳腺上皮细胞得以充分休息和再生，为下一个泌乳期正常分泌做必要准备。同时，奶牛体也可贮积大量营养物质，以弥补产后1～2个泌乳月可能出现的营养负平衡。

干乳期加强营养可以提高初乳的营养浓度，使初乳中的钙、磷、维生素含量增多（表5-15）。

表5-15　干乳期饲养对初乳维生素含量影响

（单位：国际单位）

饲　养　类　别	维生素A	胡萝卜素
妊娠最后三个月营养丰富	1 900	2 440
妊娠最后三个月营养不良	1 370	630

2. 干乳期的长短

干乳期一般50～60天。过早干乳，会减少母牛的产乳量，对生产不利；干乳太晚，则使胎儿发育受到影响，亦影响到初乳的品质。干乳期短，加上饲养管理不善，母牛初乳中胡萝卜素含量会差3～4倍。正常情况下以60天为宜，这时牛初乳品质

最好。

初胎或早配母牛，体弱及老年牛、高产母牛以及饲养条件差的牛，需要较长时间的干乳期，一般为60～75天。体质健壮、产乳量较低、营养状况较好的牛，干乳期可缩短为40～45天。

早产或死胎的情况下，缺少或缩短干乳期，同样会降低下一泌乳期的产乳量。早产时的泌乳量仅仅是正常产的80%。

3. 干乳方法

干乳的方法，一般可分为逐渐干奶法、快速干奶法、骤然干奶法（一次性快速干奶）。

（1）逐渐干奶法。逐渐干奶法是用1～2周的时间将泌乳活动停下来。在预定干奶期前10～20天开始变更饲料组成，逐渐减少青绿多汁饲料和精料，增加干草喂量，控制饮水量，停止乳房按摩，改变挤奶次数和时间，由每天3次挤奶改为2次、1次，或隔日挤一次。具体说，就是在1、3、6、10天挤乳，其他日期不挤乳。每次挤乳必须完全挤净，当产乳量降至4～5千克时，停止挤乳。这样母牛就会逐渐干奶，此法适于高产奶牛或过去停奶难及患过乳房炎的母牛。

（2）快速干奶法。从进行干乳日起，在5～7天内将乳干完。开始干奶的前一天，将日粮中全部多汁饲料和精料减去，只喂干草；控制饮水，每天饮2～3次，停止按摩乳房，减少挤奶次数，第一天由3次挤奶改为2次；第二天1次或隔日挤奶，经4～7天就可把奶停住，此法一般适用于低产或中产乳牛。

（3）一次快速干奶法。在干奶当天的最后一次挤奶时，加强乳房按摩，彻底榨干乳汁，然后每个乳头用5%碘酊浸泡一次，进行彻底消毒，并分别用乳导管向每个乳头注入抗菌素油10毫升。

抗菌素油的配方：青霉素40万国际单位，链霉素100万国际单位，磺胺粉2克混入40毫升灭菌过的植物油（花生油、豆油）中，充分混匀后即可使用。

干奶时无论用什么方法，在停奶后的3～4天内，母牛的乳房都会因积贮乳汁较多而膨胀，所以在此期间不要触摸乳房和挤奶。要注意乳房的变化和母牛的表现。正常情况下经几天乳房内贮积的乳汁可自行被吸收而使乳房萎缩。如果乳房中乳汁积贮过多，乳房过硬，出现红、肿、热、痛炎症反应，干乳牛因之不安，说明未干好奶，应重新干奶。

（4）干乳期的饲养。母牛干乳期饲养任务是：保证胎儿正常发育，给母牛积蓄必要营养物质，在干乳期间，使体重增加50～80千克，为下一个泌乳期产更多的奶创造条件。在此期间应保持中等营养状况，被毛光泽、体态丰满、不过肥或过瘦。

干乳期的饲养可分为两个阶段进行，即干乳前期和干乳后期。

①营养需要　见表5-16。

表5-16　干乳期营养需要

阶段划分	干物质占体重（%）	奶能单位（NND）（个）	干物质（DM）（千克）	粗纤维（CF）（%）	粗蛋白（CP）（%）	钙（Ca）（%）	磷（P）（%）
前　期	2.0～2.5	19～24	14～16	16～19	8～10	0.6	0.6
后　期（围产前期）	2.0～2.5	21～26	14～16	15～18	9～11	0.3	0.3

②日粮要求

精料给量标准：每头日3～4千克。

其他粗料给量标准：青饲、青贮头日量10～15千克左右；优质干草3～5千克；糟渣类、多汁类头日量不超过5千克。

③干乳期的饲养

干乳前期饲养管理　干乳期为2个月，前45天为干乳前期。此期饲养原则是在满足母牛营养需要的前提下尽快干乳，乳房恢复松软正常。保持中等营养状况，被毛光亮，不肥不瘦。

干乳后5～7天，乳房还没变软，每日给予的饲料，可仍和

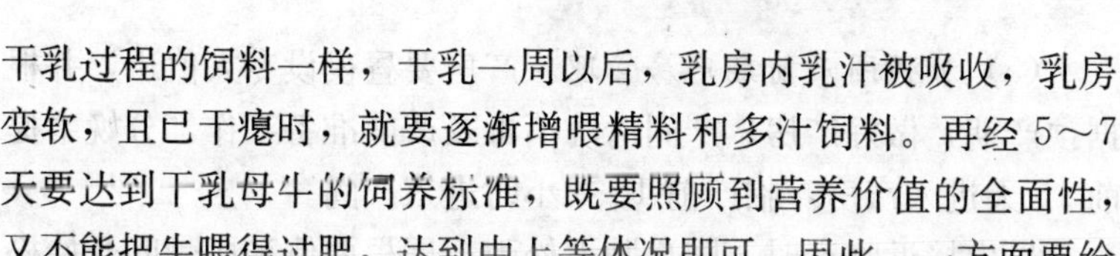

干乳过程的饲料一样，干乳一周以后，乳房内乳汁被吸收，乳房变软，且已干瘪时，就要逐渐增喂精料和多汁饲料。再经 5～7 天要达到干乳母牛的饲养标准，既要照顾到营养价值的全面性，又不能把牛喂得过肥，达到中上等体况即可。因此，一方面要给予适当的运动，另一方面，要加强卫生管理和注意乳房变化。

干乳后期饲养管理　预产期前 15 天进入产房阶段的饲养管理，也称围产前期的饲养管理。

饲养原则是要求母牛特别是膘情差的母牛有适当的增重，至临产前体况丰满度在中上等水平，健壮而不肥。据报道，干乳期间母牛每增重 1 千克，泌乳期内可增加 25 千克牛奶。干乳后要逐渐加料，每天增加 0.45 千克精料，直至每百千克体重 1～1.5 千克时止。

产前 4～7 天，如乳房过度肿大，要减少或停止精料和多汁饲料。如果乳房正常，则可正常饲喂多汁饲料。产前 2～3 天，日粮应加入小麦麸等轻泻饲料，防止便秘。一般可按下列比例配合精料：麸皮 70%、玉米 20%、大麦 10%、骨粉 2.0%、食盐 1.5%。对有“乳热症”病史的母牛，在其干乳期间必须避免钙摄取过量，一般将钙降到日粮干物质的 0.2%，同时还应适当减少食盐的喂量。产犊后应迅速提高钙量，以满足产奶时的需要。

4. 干乳期母牛的管理

（1）做好保胎工作。保持饲料新鲜和质量，绝对不能喂冰冻的块根饲料、腐败霉烂饲料和有毒及霉变饲料，冬季不可饮冷水，水温不得低于 10℃。

（2）坚持适当运动。冬季在舍外运动场逍遥运动 2～3 小时，产前停止运动。

（3）加强皮肤刷拭。一般应由前向后、由上向下刷拭，每天坚持刷拭 1～2 次，保持皮肤清洁。

（4）定时按摩乳房。一般干乳 10 天后开始按摩，每天 1 次，但产前出现乳房水肿要停止按摩。

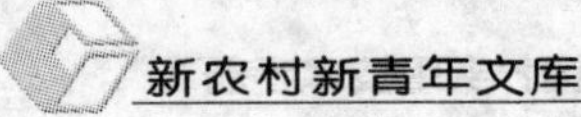

(5) 加强围产前期产房管理。产房要昼夜设专人值班，并根据预产期，做好产房、产间清洗消毒及产前准备工作。分娩牛提前15天进入产房，临产前1～6小时进入产间。

母牛接近临产时，阴户肿大松弛。尾根两侧和耻骨间开始松弛下陷，即荐坐韧带松弛。最初下陷处可容一指，逐渐增大至可容4～5指或一拳，如果在行走时可见凹陷部位起伏，甚至乳头发胀，用手指按压乳房时，出现指压痕久久不能平复，这时将于12小时内分娩，应立即用消毒药水洗净母牛后躯、外阴和乳房，更换垫草，保持环境安静，做好助产前的准备工作，随时注意母牛的表现，准备助产。

母牛分娩时一般多为自然分娩。母牛阴门露出胎包后20～30分钟胎儿即可产出。当胎儿的前蹄将胎膜顶破时，要用桶将羊水接到桶里，产后给母牛饮3～4升，可预防胎衣不下。正常产，犊牛两前肢夹着头先出来，一旦发生难产应采取措施。

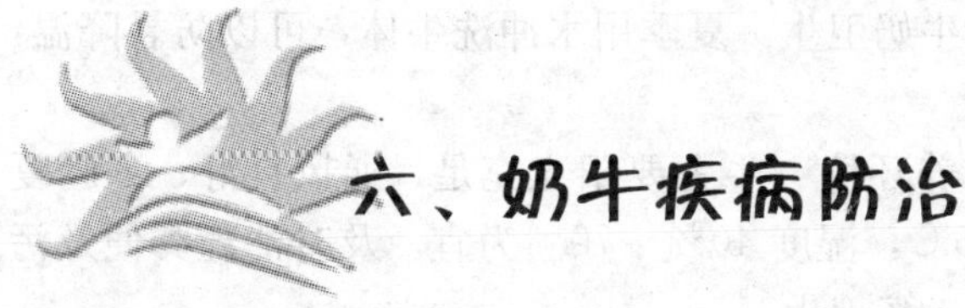

六、奶牛疾病防治

（一）奶牛疾病的预防措施

奶牛疾病种类很多，包括内科病、产科病、代谢病、乳房炎等，其中最常见的是内科病、产科病和乳房炎，危害最严重的是传染病。疾病严重影响奶牛业的发展，给饲养者造成巨大的经济损失。因此，减少疾病，必须从预防开始。

1. 奶牛疾病的预防措施

（1）奶牛场必须布局合理。选址要求地形、地势、土壤条件和水源、交通运输条件和社会环境条件必须符合标准化牛场要求，牛场整体布局要合理，区分生产区、办公区和生活区并搞好绿化。

（2）加强饲养管理。

①合理饲养　根据奶牛的各个生长阶段的营养需要制定不同的饲养标准和饲喂方法，奶牛的饲草要清洁、干燥，草粮要合理搭配，防止草料中异物混入。饲喂要定时、定量，要逐渐改变饲料或饲喂方式，以免引起消化机能紊乱，影响产奶量。

②充足饮水、适当运动、经常刷拭　奶牛每天都需要大量的饮水。饮水不足，既影响产奶量，又有碍奶牛反刍、消化、吸收和健康。因此，在奶牛运动场应设饮水槽，让牛自由饮水。

每天上、下午让奶牛在运动场自由运动，可以沐浴阳光，增强心肺功能，促进钙盐利用，防止骨软症、肢蹄病、难产、产后瘫痪，提高产奶量和繁殖力。

经常刷拭牛体可以保持牛体清洁卫生，调节体温，促进皮肤新陈代谢，保持牛奶卫生。夏季用水冲洗牛体，可以防暑降温，提高产奶量。

③良好的饲养环境　牛舍要阳光充足、通风良好、冬暖夏凉，舍温 10～15℃，湿度 40%～70%为宜。及时清理粪便及污物，保持圈舍运动场卫生。

④保持乳房和肢蹄卫生　挤奶时必须用清洁水清洗乳房，然后用干净毛巾擦干，挤完乳后每个乳头必须药浴数秒。停乳时应采取效果可靠的药物快速干乳，并保持干乳牛圈舍干净卫生。

每年春秋两季各检查和修蹄一次。对患有肢蹄病的牛要及时治病，对畸形蹄要及时修理。每年蹄病高发季节，用 5%硫酸铜药浴蹄部，每月 2～3 次，以降低蹄部发病率。注意饲料精粗比例，降低蹄叶炎发病率。

（3）严格执行消毒制度。

①牛场、牛舍出入口必须设立消毒池　消毒池的消毒液要定期更换，保持有效浓度。一切人员、车辆进出门时必须从消毒池通过。谢绝无关人员、车辆进入牛场。本场工作人员进入生产区，必须更换经消毒处理的工作服和鞋帽。饲养人员不得串牛舍，饲养用具应固定牛舍使用，串舍使用必须经消毒处理。

②牛舍、运动场及用具应定期消毒　牛床每天用清水冲洗干净，运动场要勤清粪、勤垫土。牛舍运动场及用具应每月消毒一次，每季大清扫、大消毒一次，消灭蚊蝇、老鼠等害虫。

（4）按需进行预防接种，实施药物预防。根据本地区传染病发生的种类、季节、流行规律，结合牛群的生产、饲养、管理和流动等情况，按需要制定相应的预防接种计划，适时进行预防接种。根据流行病特点，在流行季节或流行初期进行药物预防和治疗。

（5）加强疾病监测。每年春、秋两季各进行一次结核、布氏杆菌病的检疫，检查出阳性或可疑的奶牛要及时按规定处理。对泌乳牛每年在 1、3、6、7、8、9、11 月及停乳前 10 天进行隐性

乳房炎监测，发现阳性牛要及时治疗。根据牛群情况，不定期进行血液生化指标测试，以查清牛群代谢情况，预防代谢病的发生。

2. 奶牛疾病防治措施

奶牛疾病防治的基本原则是早发现、早诊断、早治疗。饲养人员应经常观察牛群，发现病牛立即报告兽医，迅速将病牛及可疑牛隔离。兽医人员接到报告后，应及时进行诊断，根据诊断结果，采取相应的防治措施。

（二）常见内科病防治

1. 食管阻塞

食管阻塞又称食道梗阻，是因饲料或异物突然阻塞于食道内所致。按其程度可分为完全阻塞和不完全阻塞。按其部位可分为咽部食管阻塞、颈部食管阻塞和胸部食管阻塞。

（1）病因。

①因过度饥饿、受惊吓而采食过急或采食块根饲料，如马铃薯、甘薯、萝卜、玉米芯、西瓜皮等所引起，其中因受惊吓而匆忙吞咽其发病率最高。

②有异食癖的家畜，常因吃进破布、烂鞋、塑料薄膜、砖块、木片、胎衣而造成阻塞。

③继发于食管麻痹、狭窄、扩张、痉挛等疾病。

（2）症状。

①采食突然中止，口腔和鼻腔大量流涎。低头伸颈，徘徊不安或晃头缩脖作吞咽动作。

②食管完全阻塞者，几番吞咽或试以饮水后，随着一阵颈项挛缩和咳嗽发作，水及唾液从口腔和鼻孔喷涌而出。若阻塞物在颈部食管，见有局限性膨隆，并可触到阻塞物可迅速继发瘤胃臌气。

③用胃管探查亦可确诊，当胃管插到阻塞处，稍用力则病畜

显著不安。向胃管灌水不能顺利流入者，为完全阻塞，能缓慢流入者，则为不完全阻塞。

（3）治疗。

①推送法　在推送前肌注静松灵5～8毫升，或插入胃管，先灌1%普鲁卡因10～20毫升、石蜡油50～100毫升，再将胃管适当用力向下推送，把阻塞物推进至胃内。

②打气推送法　当上法无效时可将胃管游离端与打气筒连接，每打气一次，乘食管扩大之时将胃管向下推送，一般打气三至五次即可将阻塞物推入胃内。

③挤出法　当阻塞在颈部上端时，可用手掌抵堵塞物下端，向咽部挤压至口腔内，或给患畜戴开口器，用手把挤至咽部的堵塞物取出。

④手术疗法　若上述方法无效时，应尽早采取手术治疗。颈部食管阻塞者，切开食管取出阻塞物。胸部食管阻塞者，可先切开瘤胃，将胃管从食管一端瘤胃口送入，另一端连接自来水管，借着水的冲力将阻塞物向颈部食管推移，再切开颈部食管取出阻塞物。

⑤注意护理　阻塞排除后，由于食管局部炎症，应给予抗生素，并限制饲喂1～2天。

2. 瘤胃积食

瘤胃积食是因前胃收缩力减弱，采食大量难以消化的饲料所致。主要表现食欲废绝，反刍停止，严重病例伴有脱水和酸中毒。

（1）病因。

①贪食过量的适口性好的精料、青草、苜蓿、甘薯蔓、粗干草等，加之缺乏饮水，难以消化而引起瘤胃积食。

②饲养管理不当，如饥饱不匀，环境卫生不良，特别是奶牛，受到外界各种不良因素的刺激和影响，神情恐惧不安，或因中毒与感染，呈现应激反应，形成瘤胃积食。

③继发于前胃弛缓、创伤性网胃腹膜炎、瓣胃阻塞、迷走神经损伤以及皱胃变位等。

（2）症状。

①初期病牛神态不安，回头望腹，拱背站立，有时不断起卧，痛苦呻吟。空嚼、流涎，嗳气。食欲废绝，反刍消失，粪便干燥或稀软。

②触诊瘤胃，内容物黏硬，用拳按压，遗留压痕；有些病例瘤胃内容物坚硬如石，压不留痕。听诊瘤胃蠕动音消失。

③晚期病例，病情急剧恶化，奶牛泌乳减少或停止。心音亢进，呼吸急促，全身战栗，眼球下陷，卧地不起，或因脱水和自体中毒而陷入昏迷状态。

（3）治疗。尽快排除过量的瘤胃内容物，增强前胃神经兴奋性，防止脱水与自体中毒。

①病初，停喂饲料1～2天，施行瘤胃按摩，每次5～10分钟，隔半小时一次，或先灌服大量温水，然后按摩，效果显著。

②消导清肠，可用硫酸镁或硫酸钠300～500克，石蜡油500～1 000毫升、鱼石脂20～30克、酒精50～100毫升、常水6～10升，一次灌服。若是过食谷物的病例，宜用植物油1 000～3 000毫升、陈皮酊100毫升。加适量温水一次灌服。

③静脉注射10%的氯化钠溶液300～500毫升，或先用1%食盐水洗涤瘤胃，再静注促反刍液500～1 000毫升。

④病的末期，糖盐水2 000～4 000毫升、10%安钠咖30毫升、10%维生素50毫升，静脉注射，同时应注意加入5%碳酸氢钠溶液500～1 000毫升。

⑤可用中药大承气汤加减：大黄40克、芒硝100克、枳实40克、槟榔30克、二丑40克、莱菔子40克、陈皮40克、木香30克、香附40克、木通30克、滑石40克、甘草30克，研服或煎服。

⑥药物治疗不见效时应立即进行瘤胃切开手术，取出部分瘤

胃内容物。

3. 瘤胃臌气

瘤胃臌气是由于前胃神经反应性降低，收缩力减弱，采食了大量容易发酵产气的饲料，引起瘤胃急剧膨胀的一种常见病。依病因可分为原发性和继发性两种类型。

（1）病因。

①原发性瘤胃臌气，多发生于水草茂盛的夏季。特别是舍饲转为放牧易导致急性瘤胃臌气。其次，采食堆积发热的青草，雨露浸渍或冰冻的牧草、霉败的干草，以及多汁易发酵的青贮料，均可造成瘤胃臌气。

②饲料配合不当，谷物类饲料碾磨过细，饲喂过多，饲草不足，或给奶牛加喂过多的胡萝卜、甘薯、马铃薯等多汁块根饲料，或加喂幼嫩多汁的豆科植物，如苜蓿、紫云英、三叶草等。

③继发性瘤胃臌气，主要见于前胃弛缓、创伤性网胃炎、食道阻塞、迷走神经胸支或腹支受损、以及前胃粘连等疾病过程中，系瘤胃内气体排出障碍所致。

（2）症状。

①急性瘤胃臌气，通常在采食后数小时或采食过程中突然发生。病初神情不安，回头望腹，起卧较频，呈现腹痛。肚腹迅速膨大，特别是左肷窝凸起甚至超过脊背，腹壁紧张而有弹性，叩诊呈鼓音。

②随着病程的发展，病畜呆立不动，心搏亢进，黏膜发绀。由于膈肌受压迫，呼吸急促，表现伸展头颈，张口伸舌，出汗，皮温不整，步态蹒跚，甚至倒地痉挛而死。

③泡沫性臌气，病牛常有泡沫状唾液从口腔逆出。瘤胃穿刺时，只能断断续续排出少量带小泡沫的气体，即使插入胃管也难排出。

④慢性瘤胃臌气多呈周期性发作，肚腹中等程度臌胀，常于采食或饮水后发作气体性臌气。病程较长，治疗也较困难，病畜

显著消瘦，泌乳量显著减少。

（3）治疗。

①对重剧病畜应立即进行瘤胃穿刺放气，或用胃管插入瘤胃排气。穿刺放气后，可由穿刺针向瘤胃注入0.25%普鲁卡因100毫升、青霉素160万国际单位，效果更好。

②石蜡油500～1 000毫升、鱼石脂20～30克、松节油20～30毫升、陈皮酊50～100毫升，加水适量，一次灌服。或生石灰水2 000～4 000毫升，或8%氧化镁溶液1 000～1 500毫升，一次灌服。

③泡沫性臌气，宜用2%聚合甲基硅煤油溶液100毫升，加水稀释后内服，或用消胀片（每含二甲基硅油15毫克）30～60片，内服。植物油适量，加水制成油乳剂均有消胀作用。

④慢性瘤胃臌气在于除去原发病，对症治疗多无效果。可试用新斯的明0.01～0.02克，或毛果芸香碱0.02～0.05克，皮下注射，有利于促进瘤胃蠕动，借助嗳气排出气体。

⑤中药可用木香顺气散：木香30克、川朴30克、陈皮30克、枳壳30克、乌药25克、小茴香25克、草果25克、丁香25克、藿香30克，研末，加植物油50毫升，一次灌服。

4. 前胃弛缓

前胃弛缓，是前胃（瘤胃、网胃、瓣胃）神经肌肉感受性降低，收缩力减弱，瘤胃内容物运转迟滞所引起的一种消化机能障碍综合症。舍饲奶牛特别多见。

（1）病因。

①长期饲喂营养少而富含纤维素的秸秆、谷壳等，或长期喂给缺乏纤维素饲料如麸皮、酒糟、细碎的干草等，使消化机能单调和贫乏。

②突然更换饲料，如由放牧转为舍饲或由舍饲转为放牧，突然增加精料或改变某种精料时都可引发此病。这主要由于瘤胃内的微生物不能完全适应饲料的突然改变，扰乱了消化程序所致。

③矿物质与维生素缺乏时，神经体液调节机能紊乱，血钙水平低，胃肠道弛缓。饲料品质不良也是主要因素。

④应激反应因素，常见于饲养管理条件的突然改变，如长途运输、离群陌生、关闭饲养或因调换饲养员引起惊恐，使胃肠神经受到抑制。

⑤继发于口腔、舌和牙齿疾病及创伤性网胃炎、瘤胃积食、瓣胃阻塞、真胃炎、慢性胃肠炎、营养代谢障碍、中毒、传染病和寄生虫病。

（2）症状。

①急性型多数呈现急性消化不良，如食欲减退或废绝，反刍缓慢或停止，瘤胃蠕动次数减少，蠕动音弱，时而嗳气，粪便干燥或为褐色糊状，泌乳量下降。

②全身机能状态一般无明显异常，若伴发前胃炎或酸性产物及有毒物质吸收后，则脉搏、呼吸加快，精神沉郁，呻吟，磨牙，喜卧地且将头放于地上。

③瘤胃触诊可感到内容物充满、黏硬，或呈粥状，有时发生轻度或中度胀气。

④慢性型，多为继发性因素所致，病程长，病情时好时坏，时常虚嚼、磨牙、异嗜，日渐消瘦，被毛粗乱，便秘、腹泻交替发生，病重者陷于脱水与自体中毒状态，衰竭甚至死亡。

（3）治疗。治疗原则是恢复瘤胃内容物的微生物区系，促进瘤胃蠕动，制止发酵和腐败，控制和消除酸中毒。

①病初绝食1～2日，而后喂给易消化的饲料，少给勤添，可用氨甲酰胆碱1～2毫克，或新斯的明10～20毫克，皮下注射。也可用促反刍液500毫升，或10%氯化钠液300～500毫升，静脉注射，以兴奋副交感神经，促进前胃蠕动。

②病牛发生便秘且有臌气现象时，为制止发酵和排出异常的内容物，可内服硫酸镁300～500克、石蜡油500～1 000毫升、番木鳖酊10～30毫升、鱼石脂10～20克、温水5升。

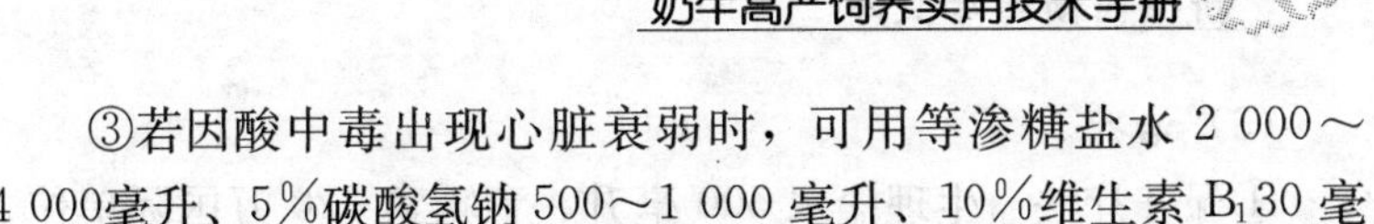

③若因酸中毒出现心脏衰弱时，可用等渗糖盐水 2 000～4 000毫升、5％碳酸氢钠 500～1 000 毫升、10％维生素 $B_1$30 毫升、10％安钠咖 30 毫升，一次静脉注射。

④在病的恢复期内服健胃剂的同时，用健康牛瘤胃液适量给病牛灌服，有利于瘤胃内纤毛虫及细菌的生长，有助于病的恢复。

5. 创伤性网胃腹膜炎

创伤性网胃腹膜炎是因误食了尖锐金属异物，刺伤网胃和腹膜引起的一种疾病，是奶牛的多发病。

（1）病因。

①吞食了混在草料中的各种尖锐异物，如钢丝、铁钉、缝针、玻璃片、竹签等，是本病多发的内在原因。

②误咽的金属异物多数落入网胃底，是否发病，往往取决于腹内压的急剧变化。瘤胃积食，瘤胃臌气、妊娠后期、分娩或跳跃等情况下，腹内压急剧升高，网胃强烈收缩，是发生本病的重要诱因。

（2）病状。

①常呈现顽固的前胃弛缓症状，表现食欲、反刍、瘤胃蠕动减弱或停止，有时异嗜，磨牙，出现周期性瘤胃臌气，久治不愈。

②多数病例拱背站立，四肢集于腹下，肘外展，肘肌震颤，用力压迫胸椎棘突和剑状软骨时，患牛躲避、呻吟。

③病牛动作缓慢，喜走上坡路，不愿走下坡和向左转弯。有些病例经常躺卧，起卧时极为小心。有的甚至呈犬坐姿势，乃膈肌被刺损的一种症状。

④X 线检查，可见金属异物或根据异物所造成的影像去分析判断。血液学检查，白细胞增多。病初体温升高到 39.5～40℃，脉搏加快至 90～120 次/分钟。病期长者，呈进行性消瘦，步态僵硬，甚至卧地死亡。

(3) 治疗。

①保守疗法　生理盐水500毫升、青霉素320万国际单位、链霉素200万国际单位，3%盐酸普鲁卡因40毫升混合一次腹腔注射。另外应按时静注或肌注抗生素5～7日，有些病例可获痊愈。

②手术疗法　最好采用瘤胃切开术。患牛自然站立，保定确实，按常规切开瘤胃并切实固定好，将瘤胃内容物掏出一部分后，再从网胃仔细寻找并拔除刺入胃壁的异物。

作好本病的预防工作极为重要。方法是：清除净牛舍周围和运动场中的金属杂物，精料或碎草应过筛通过磁性吸引器；牧场应远离工厂、木工房等，堆放饲草、饲料亦不能靠近这些场所，勿将缝针、钢丝、铁钉、发针等随便丢弃在牛舍及运动场附近；给牛带磁性鼻环，或定期用牛胃取铁器从瘤胃中清除异物。

6. 瓣胃阻塞

瓣胃阻塞是前胃运动机能障碍，瓣胃收缩力减弱，内容物充满、干燥导致瓣胃秘结与扩张，中兽医称为“百叶干”。

(1) 病因。

①奶牛原发性瓣胃阻塞多因长期饲喂麸糠、粉渣、酒糟等含有泥沙的饲料，或饲喂后缺乏饮水，运动不足，或受到外界不良因素的刺激，惊恐不安而导致本病的发生。

②本病常继发于前胃弛缓、瓣胃炎、皱胃炎、皱胃变位、皱胃溃疡、创伤性网胃腹膜炎所致的瓣胃与膈肌之间的广泛性粘连。此外，产后血红蛋白尿、生产瘫痪、牛黑斑病、甘薯中毒、急性肝炎，以及某些热性病和血液原虫病均可引起本病的发生。

(2) 症状。

①病初表现前胃弛缓症状，随后反刍、食欲、瘤胃和瓣胃蠕动停止，粪便干燥成饼状。

②当病程发展，全身症状逐渐加重，鼻镜干燥、龟裂，磨

牙、虚嚼、呻吟，精神沉郁，心搏亢进，脉搏数可达80～120次/分钟。瓣胃穿刺感到阻力大，直肠内空虚，排“算盘珠”样粪球，外附黏液膜。

③晚期病例，瓣叶坏死，伴发肠炎和全身败血症，体温升至40℃左右，排粪停止，或仅排少量黑色糊状粪便。呼吸加快，脉搏增至每分钟100～140次。尿呈酸性反应，比重高，含大量蛋白，结膜发绀，眼球塌陷，呈现脱水和自体中毒体症。

（3）治疗。治疗原则在于促进瓣胃内容物软化排除，纠正脱水酸中毒。

①病初可用硫酸镁或硫酸钠400～800克，水8～10升，或石蜡油1 000～3 000毫升。一次内服，同时注意补液，通常静注等渗糖盐水或复方盐水，剂量不少于4 000毫升。

②为促进胃蠕动可用10％氯化钠溶液300毫升、10％氯化钙溶液100毫升、10％安钠咖溶液20毫升，混合一次静脉滴注。同时可用毛果芸香碱20～50毫克，或新斯的明20～50毫克或氨甲酰胆碱4～6毫克肌肉注射。

③如上述方法无效，可用10％硫酸镁（钠）溶液3 000毫升、石蜡油或甘油1 000～2 000毫升、普鲁卡因2克、呋喃西林3克，混合注入瓣胃内，注射部位为右侧肩关节水平线8～10肋间，局部剃毛消毒后用盐水针头向左肘进针即可刺入瓣胃内。

④如药物无效时要采用瓣胃冲洗疗法，即施行瘤胃切开术，将胃管插入网瓣孔，注入温水冲洗瓣胃，使瓣胃内容物软化变稀，便于排出，此法效果良好。

7. 皱胃左方变化

皱胃正常解剖学位置发生改变，称为皱胃变位。一般分左方变位和右方变位两种，右方变位通称皱胃扭转。

皱胃由腹中线偏右的正常位置，通过瘤胃下方置于瘤胃和左腹壁之间，称为左方变位。

近年来，在临床上发现本病逐渐增多，但几乎只见于奶牛，且多数是 4～6 岁的高产牛，常发生于泌乳早期（1 个月左右）。

（1）病因。

①基本病因可能是各种可诱发皱胃弛缓的因素，如饲喂大量优质谷物精料、消化不良及一些产后疾病。

②机械性因素，认为妊娠子宫随着胎儿的增大而下沉，机械性地将瘤胃向上抬高及向前推移，使瘤胃腹囊与腹腔底壁间出现空隙，真胃沿此空隙向左方移位，分娩后瘤胃又复下沉，使移位的皱胃嵌留在瘤胃与左腹壁之间。

（2）症状。

①分娩后数日内食欲减少并偏食，不愿吃精料或干草，奶产量明显下降或逐渐减少。排粪迟滞或腹泻，有时便秘与腹泻交替发生，粪便呈油泥状，血清检查多为阳性。

②有的呈现腹痛和腹部膨满，但两侧肷窝并不膨满，而左侧最后 3 个肋间向外膨大。将听诊器头置于左侧最后肋骨软骨接合区，用叩诊锤击左侧最后 3 个肋骨的上 1/3 处，可听到含气皱胃所发生的钢管音。

③在膨大部位穿刺，穿刺液呈酸性，pH 为 2～4，棕褐色，无纤毛虫。血液检验可发现低氯血症、碱储偏高。

（3）治疗。

①滚转法　先使病牛左侧横卧，然后再移成仰卧姿式，随后以背部为轴，先向左滚转 45°，再回到正中。如此反复左右摇摆约 3 分钟，突然停止，恢复左侧横卧姿势，转成俯卧，最后站立。此法适于新患病例，应用此法时，最好先饥饿数日，并限制饮水，使瘤胃的体积变得越小，其成功率越高。

②保守疗法　即通过静脉注射钙制剂，皮下注射新斯的明等拟副交感神经药和投服盐类泻剂，以增强胃肠的运动性，消除皱胃弛缓以使复位。对轻度变位的病牛，可每天驱赶运动 1～2 小时，或大跑步 10 分钟，可望自行复位。

这两种疗法的共同缺陷是成功率低，且容易复发，对皱胃已

发生粘连者无效。

③手术法　患牛站立保定，同时在左右侧切开腹壁，此时，术者从左侧切口伸入手臂，将皱胃向下向右侧推压，右侧的术者将皱胃向右方拉使其复位，然后，将皱胃侧壁固定正中线上方约10厘米。最后，腹腔内注入青、链霉溶液按常规闭合腹腔切口。

8. 皱胃右方变位（皱胃扭转）

皱胃扭转是皱胃按顺时针方向转到瓣胃的后上方，置于肝脏和右腹壁之间。

（1）病因。

同皱胃左方变位一样，包括可造成真胃弛缓的各种因素，但不存在妊娠和分娩所造成的机械性因素，也是多发于冬季舍饲的奶牛，这表明其病理基础也是皱胃的弛缓和扩张，系谷物高精料饲养、缺乏运动和分娩应激等诸因素共同作用的结果。

（2）症状。

①急性病例，突然发生剧烈的腹痛，表现后肢踢腹，两后肢频频交替踏步，背下沉，取蹲伏姿势。心跳可达100～140次/分；可视黏膜苍白，体温低下，微血管再充盈时间延长。粪便混有血液，甚至排出的是柏油样粪。病程短急，常在48～96小时之内死于循环衰竭或皱胃破裂。

②亚急性病例，病初一般和左方变位相似，但腹痛较明显，食欲很快废绝，泌乳量大减或停止。3～4天后，右腹部明显膨大，右肋弓部后侧更明显。实施冲击式触诊可感有震水声，叩诊可发现较大范围的钢管音。

（3）治疗。确诊后要尽早手术治疗：在右腹胁中央，腰椎横突下方5厘米，垂直切开腹壁15～20厘米，术者按逆时针方向将皱胃回转到正常位置，并检查瓣胃至皱胃孔以及幽门与十二指物之间是否畅通，最后将皱胃浆膜和切口部的腹肌一并缝合固定之。

手术过程中和术后，应大量输注等渗盐水，一般剂量为8～

20 升不等，并注意抑菌消炎。

9. 胃肠炎

胃肠炎是胃与肠道黏膜及黏膜下深层组织的重剧炎症过程。胃和肠道的器质性损伤与功能紊乱，极易互相影响，因此，胃与肠道的炎症往往同时发生或相继发生。

（1）病因。

①原发性胃肠炎：凡能致发胃肠卡他的因素，在其刺激作用增强或机体抗力减弱的情况下，同样可致发胃肠炎。如饲养管理不当，或饲料品质不良。其次是有毒植物或化学药物的中毒，以及细菌、真菌、病毒、寄生虫继发和并发等原因都属胃肠炎的致病因素。

②继发性胃肠炎：见于炭疽、巴氏杆菌病、沙门氏菌病、钩端螺旋体病、牛瘟、牛副结核性肠炎、牛黏膜综合症等。另外，滥用抗生素造成肠道菌群失调，引起二重感染，也是胃肠炎的一个病因。

（2）症状。

①腹泻为本病的特征性症状，粪便稀薄，混有黏液、血液、脓液、胶冻样物及脱落的黏膜组织，有腥臭味。炎症蔓延后部肠道，表现里急后重。

②病畜体温上升至 40℃以上，食欲不振或废绝，渴欲增加。晚期因脱水使皮肤弹性降低，眼球凹陷，脉快而弱。口色暗紫，微血管再充盈时间延长，甚至出现兴奋、痉挛或昏睡等神经症状。

③由于脱水和循环衰竭而出现相对性红细胞增多症指征，即包括血液浓稠，血沉减慢，红细胞压积容量增高。尿少，色暗，比重高，呈酸性反应，含多量蛋白质、肾上皮细胞以及各种管型。

（3）治疗。

①病初尚未脱水时应该清理肠道　可用硫酸镁 300 克、鱼石

脂 20 克，酒精 100 毫升、加水 300 毫升，一次内服。或石蜡油 2 000 毫升、松节油 30 毫升，一次内服。

②腹泻较久或已清理肠道的病畜，要进行抑菌、消炎、收敛常用磺胺脒 60 克、碳酸氢钠 40 克、次硝酸铋 30 克、药用炭 100～300 克，一次内服，每日两次。对口色赤红或紫红，口干而臭，粪便腥臭的患牛服用以下中药有良好效果：当归 40 克、黄芩 50 克，二花 40 克、生地 80 克、元参 40 克，麦冬 40 克，郁金 40 克、茯苓 40 克、黄药子 40 克、白药子 40 克、甘草 30 克。

③补液、解毒、强心是治疗重剧胃肠炎的关键措施 药液的选择以复方氯化钠液或生理盐水为宜。输注等渗的葡萄糖生理盐水，具有补液、解毒和营养心肌的作用。加入适量的低分子右旋糖酐液，有扩充血容量和疏通微循环的作用。补液的数量和速度，视脱水的程度和心、肾的机能状态而定。一般一次可补液 2 000～6 000 毫升，临床上通常以开始大量排尿作为液体基本补足的监护指标。为纠正酸中毒，应予补碱，常用 5%碳酸氢钠液 500～1 500 毫升。

当病畜心力极度衰竭，大量输液而心脏不能承受时，可用 5%葡萄糖牛理盐水或复方氯化钠液施行腹腔补液。腹膜吸收能力完好时，每小时可吸收 2～4 升。也可用再水化液即葡萄糖 200 克、氯化钾 15 克、碳酸氢钠 25 克、氯化钠 35 克，加水 10 000毫升，饮用或内服。

10. 瘤胃酸中毒

瘤胃酸中毒是牛吃进富含碳水化合物的谷类饲料，在瘤胃内异常发酵产生大量乳酸等有毒物质所致的一种急性消化性酸中毒，又称为过食谷物中毒或反刍兽乳酸中毒。

(1) 病因。

①脱缰偷食了大量的谷类饲料，如玉米、小麦、大麦、高粱、水稻等，或块茎块根类饲料，如甜菜、马铃薯、甘薯等；或

酿造副产品，如酿酒后干谷粒、酒糟，或面食品，如生面团、馒头等。

②有的饲养员为了提高奶产量，连续多日增加精料。

碳水化合物在瘤胃中通过乳酸杆菌等细菌发酵，产生大量乳酸。乳酸可使瘤胃内微生物群落改变及纤毛虫死亡。蓄积的乳酸还能增高瘤胃内容物的渗透压，使大量液体回渗而造成浓血症和机体脱水。除乳酸以外，可能还与其他一些有毒物质有关，如组胺、酪胺、色胺等有毒胺类及乙醇、细菌内毒素等。

（2）症状。

①最急性型一般在饲后4～8小时发病，精神高度沉郁，虚弱，卧地，体温低下，重度脱水，腹部显著膨胀，内容物稀软或水样，陷入昏迷状态后很快死亡。

②急性者，食欲废绝，反应迟钝，磨牙虚嚼，瘤胃臌满无蠕动音，触之有水响音，瘤胃液的pH在5～6，无存活的纤毛虫，排粪稀软酸臭，有的排粪停止。脉搏细弱，中度脱水，结膜暗红。后期出现明显的神经症状，步态蹒跚或卧地不起，昏睡乃至昏迷，若救治不及时或救治不当，多在24小时左右死亡。

③亚急性者，食欲减退或废绝，精神委顿，轻度脱水，结膜潮红。瘤胃中等度充满，收缩无力，触诊可感生面团样或稠糊样，瘤胃液的pH介于5.5和6.5之间，有一些活动的纤毛虫。有的继发蹄叶炎和瘤胃炎。

（3）治疗。

①瘤胃冲洗中和酸度　常用石灰水洗胃和灌服，取生石灰1千克，加水5 000毫升，搅拌后静置10分钟，取上清液3 000毫升，用胃管灌入瘤胃内，随之放低胃管并用橡皮球吸引，瘤胃的液状内容物可被导出。如此重复洗胃与导胃，直至瘤胃内容物无酸臭味而呈中性或弱碱性为止。

石灰水洗胃与灌服，能使瘤胃中乳酸与氢氧化钙结合为不溶性的乳酸钙，经肠管排出。方法简便，安全可靠。若用碳酸氢钠

液灌服，则产生乳酸钠，乳酸钠被吸收后会造成碱中毒。

②补液补碱　5%碳酸氢钠 2 000～5 000 毫升，葡萄糖盐水 2 000～4 000 毫升，一次静注。对危重病畜输液速度初期宜快。

③为清理胃肠，在石灰水洗胃后数小时，灌服石蜡油 1 000～1 500 毫升。也可在次日用中药“清肠饮”效果良好。验方如下：

当归 40 克、黄芩 50 克、二花 50 克、麦冬 40 克、元参 40 克、生地 80 克、甘草 30 克、玉金 40 克、白芍 40 克、陈皮 40 克。水煎，一次灌服。

④在病的后期静注促反刍液对胃肠机能的恢复大有益处。

（三）常见代谢性疾病和蹄病防治

1. 奶牛酮病

奶牛酮病是由于碳水化合物饲料供给不足，高蛋白质和高脂肪性精料过多，从而导致机体血糖水平降低和血酮浓度增高的一种代谢性疾病。血中酮体增高继发酮尿及酮乳，主要发生于高产奶牛。

（1）病因。

①原发性病因　大量喂给高蛋白质和高脂肪性精料而碳水化合物不足，营养不平衡，引起代谢紊乱。

②继发性病因　能使食欲下降的疾病如生产瘫痪、胎衣不下、乳房炎、前胃弛缓、真胃变位等，都可继发酮病。

（2）症状。

①高产牛多在产后 4～6 周发病，病初有神经症状，表现机敏和不安，流涎，不断舐食，磨牙，肩部和腹肋部肌肉抽搐。神情淡漠，反应迟钝。有的呈现过度兴奋、盲目徘徊或冲向障碍物。

②酮体可随挤乳、出汗、排尿、呼出气体等而放散于畜舍，酷似醋酮或氯仿，有人称似烂苹果味。

③厌食或偏食，产奶量急剧下降，消瘦，尿少，粪便干硬。

④实验室检验，血糖水平由正常的2.8毫摩尔/升下降至1.12～2.24毫摩尔/升。血酮水平由正常的100毫克/升以下升高至100～1 000毫克/升。尿酮浓度的变动范围很大，测定的结果不能真实地反映血酮的实际水平。乳中丙酮水平很少变动，由正常的0.5毫摩尔/升增高到平均6.5毫摩尔/升。

（3）治疗。

①25％葡萄糖液1 000～2 000毫升，5％碳酸氢钠500毫升，一次静脉注射。为防止复发，连用3～5日。

②糖皮质激素可刺激糖元异生而提高血糖水平。常用促肾上腺皮质激素（ACTH）200～600国际单位，肌肉注射，每周2次。也可用醋酸可的松0.5～1.5克，肌肉注射，间隔1～3日再注射一次。

③口服葡萄糖先质，最初应用丙酸钠，以后改为丙二醇，这两种药物的口服剂量均为120～240克，每日2次，连用7～10日。或甘油250毫升连用2～3天。但饲喂或灌服葡萄糖、蔗糖等没有治疗效果，因为瘤胃中的微生物能使糖发酵而成为挥发性脂肪酸，其中丙酸只有少量。

氯酸钾30克，溶于250毫升水中灌服，每日2次，认为有良好的抗酮作用。

④注射维生素A、维生素B_1、维生素B_{12}，有助于本病的恢复。

2. 生产瘫痪

生产瘫痪是奶牛分娩后突然发生的严重代谢疾病，以轻瘫、昏迷和低钙血症为主要特征。

（1）病因。确切原因还不清楚，一般认为与钙吸收减少或排泄增多所致的钙代谢急剧失衡有关。

①产后大量的钙质进入初乳，初乳一次性排放过多。

②甲状旁腺机能减退，使血钙调节机能失调。高钙日粮或

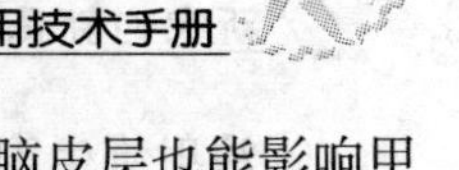

钙、磷比例不当，或分娩时处于抑制状态的大脑皮层也能影响甲状旁腺的分泌机能。

③分娩时雌激素水平升高，也可降低肠道对钙的吸收，抑制骨钙的动员。

（2）症状。

①常在分娩后 10～72 小时内发病，且多发生于 3～6 胎的高产奶牛。病初呈现兴奋不安，对刺激敏感，采食、排尿、排粪减少或停止，后躯摇摆，站立不稳。

②病程进一步发展则爬地，嗜睡，眼光凝视，鼻镜干燥，肌肉松弛，头颈弯曲抵于腹壁部，末梢皮肤变冷，体温降低。

③病的后期常侧卧于地，陷入昏迷状态，瞳孔散大，对光反应消失，心音减弱，呼吸深而缓慢，体温下降（35～36℃）。

④实验室检查，正常血清钙含量为 2.2～2.6 毫摩尔/升，病牛血钙多低于 1.5 毫摩尔/升。正常血清磷含量为 1.4～2.5 毫摩尔/升，病牛血磷低于 1.0 毫摩尔/升。

（3）治疗。

①提高血钙血糖：常用 10％葡萄糖液 1 500～2 500 毫升、糖盐水 1 500～2 000 毫升、10％葡萄糖酸钙 800～1 500 毫升、10％维生素 C 20 毫升，地塞米松 20 毫克，一次静脉注射。

患牛对钙疗的良好反应是嗳气，肌肉震颤，心音增强，鼻镜湿润，排出干硬粪便，多数病牛 4 小时内可站立。对注射后 6～12 小时仍不见好转者，可按上法再重复一次。

②补钙后病牛精神好转欲起不能时，可能伴有低磷血症，用 20％磷酸二氢钠液 200 毫升静注。

③乳房送风疗法，缓慢将乳导管插入乳池内，先注入青霉素 80 万国际单位，再连接乳房送风器向乳房充气。送入空气要适度，以乳房皮肤紧张膨满，同时轻敲乳房呈现鼓音为准。然后用宽纱布轻轻扎住乳头，防止空气逸出，经 1～2 小时后解开。一般在注入空气后 30 分钟，病牛可站立。

④注射维生素D、维生素B_1有助于本病的恢复。

3. 异嗜癖

异嗜癖是由于代谢紊乱而引起的一种复杂的综合征。临床表现特征是舐食、啃咬认为不该采食或无营养价值的所谓“异物”。多发生在冬季和早春舍饲的奶牛。

（1）病因。该病发生的原因尚未完全明了，一般认为有以下因素：

①某些营养物质缺乏或不足，特别是矿物质如钠、铜、钴、锰、钙、铁、锌等，有异嗜癖的患牛多喜舐食带咸味的碱性物质。

②某些维生素特别是维生素A和维生素B族的缺乏。因为它们是体内与代谢关系密切的酶和辅酶的成分，缺乏时可导致体内的代谢机能紊乱。

③消化道寄生虫病，也使病畜消瘦、衰弱及产生异嗜现象。当然有异嗜癖的动物，不一定是因某种物质缺乏或代谢机能紊乱而致，则纯属恶癖。

（2）症状。

①病牛从消化不良开始，表现食欲减少，反刍无力，前胃弛缓等，随之出现味觉异常与异嗜现象。如常舐食墙土、槽底，采食被粪、尿，污泥弄脏的垫草，啃食砖瓦块、煤渣、破布等物。

②皮肤干燥，弹性减弱，被毛松乱无光。拱腰、磨牙、畏寒、便秘、腹泻交替出现，进行性消瘦，贫血，食欲逐渐废绝，甚至衰竭而死。

（3）治疗。尽可能查明原因，有针对性地补给所需的营养物质。当牛群中有异嗜癖病畜出现时，应及时挑出隔离饲养，以防模仿传播。发病后可试用以下方法：

①食盐30克、小苏打20克、骨粉100克，混合后拌草中喂食，连用5～10天。

②氯化钴30～40毫克、硫酸锌2克、硫酸铜0.5克、酵母

粉100克，混合后一日三次喂服，连用7天。

③生石膏50克、炒白术100克、炒山药100克、酵母粉100克、左旋咪唑25毫克×30片，共碾为末温水冲调，一次灌服，隔日再服一次。

4. 腐蹄病

腐蹄病是蹄间皮肤和软组织出现坏死性及化脓性的病理变化，具有腐败、恶臭特征的疾病，亦称趾间腐烂。

（1）病因。病的发生与环境卫生、管理、护蹄、微生物感染有关。主要的致病菌是坏死梭杆菌、化脓棒杆菌等；致病的侵入门户是粪尿长期污染蹄间、蹄间皮肤龟裂、蹄间皮肤损伤等。新近报道，此病的发生也与饲料缺锌有关。

（2）症状。

①病初趾间皮肤潮红，肿胀、疼痛、频频举肢、呈现跛行。严重时化脓而形成溃疡，从蹄间或蹄冠部排出恶臭脓汁和坏死组织块。

②病变向深部组织深入，往往并发骨、腱、韧带的坏死，体温升高，食欲减退，体重和产奶量急剧下降，有时转为急性败血症而死。

（3）治疗。

①先除去患部的污物，刮除腐烂组织，用0.1%高锰酸钾溶液或3%过氧化氢溶液清洗患部，再用酒精棉球擦干，注入少量5%～10%碘酊，清洗后也可撒涂高锰酸钾粉或用10%的福尔马林溶液的纱布填塞。

有人介绍国外的一种治疗方法：将碘片2～3克用棉花裹好呈圆柱状，塞入已清理好的蹄叉内，用注射器将15～20毫升松节油直接注入棉花上，立刻呈现红黄色的烟雾，然后再把蘸有松节油的棉花塞在蹄叉内，一般处理一次即愈。用药次日跛行加重，几天后跛行逐渐消失。

②感染严重出现全身症状时，并用广谱抗生素。

③牛群中发病多时，用3%硫酸铜连续脚浴，可有效地预防本病。

④为了预防本病发生，可用富锌类微量元素添加剂治疗，含锌、铜、硒、钴等18种微量元素，可有效预防此病的发生。

5. 蹄叶炎

蹄叶炎是蹄真皮的弥散无腐败性炎症，多发生于5～7岁的产犊、产奶旺盛期的奶牛，此病也与缺锌有关。

（1）病因。

①突然改喂高碳水化合物饲料和长期喂给高蛋白质饲料，引起消化障碍，尤其是瘤胃酸中毒和瘤胃内容物异常发酵产生组织胺，引起蹄真皮循环变化，毛细管贮留与间质水肿，渗出增多，大量血浆聚积于真皮小叶与角小叶之间压迫真皮层，引起真皮发炎。

②继发于流行性感冒、肠炎、胎衣不下、乳房炎、酮病等。

（2）症状。

①急性者，蹄冠部水肿、增温、趾动脉亢进，叩诊蹄痛。体温升高，脉搏、呼吸加快，肌肉颤抖及出汗、拱背，常将后肢伸于腹下，站立时可能会无意识地横向活动或走出牛舍。

②慢性者，除跛行外，走路摆头，无显著全身症状，但奶产量及体重减轻。蹄骨变形，形成芜蹄。

（3）治疗。

①营养性蹄叶炎首先停喂或减少与发病有关的精料，多喂富有维生素的青草。为改善蹄部的血液循环，减少渗出，可施行冷浴或用冷水给患蹄浇注。3天以后改用蹄部温敷、温脚浴，每次1～2小时，每日2～3次，连续5～7天。

②为了缓解疼痛，可用2%普鲁卡因封闭掌（跖）神经，同时肌肉注射安痛定、青霉素，一日两次。

③为加速渗出物和有毒物质排出，可每日静脉注射消肿灵液500～1 000毫升。灌服石蜡油1 000～2 000毫升轻泻。

④脱敏疗法。病初可用抗组织胺药物，如内服盐酸苯海拉明0.5～1.0克，每天1～2次。5%氯化钙溶液250毫升，10%维生素C30毫升，分别静脉内注射。

为了改善瘤胃代谢紊乱，可应用碳酸氢钠以纠正酸中毒。

对慢性蹄叶炎注意矫形削蹄疗法，并补充锌等微量元素，可防止本病发生。

（四）常见产科病防治

1. 流产

流产是指胚胎或胎儿与母体的正常关系受到破坏，怀孕过程中断的病理现象。可发生于妊娠的任何阶段，牛流产可占妊娠牛的5%左右。

（1）病因。按致病因子，分为非传染性（普通性）流产和传染性流产。

①非传染性流产常见有以下原因：营养性流产，如草料严重不足，维生素A、F及矿物质缺乏，饲料品质不良等。损伤管理性流产，如拥挤、蹴踢、角抵、惊吓、跳跃等。内分泌失调，指的是雌激素、孕激素、糖皮质激素、催产素和前列腺素等生殖激素的不平衡。孕畜体内雌激素过多而孕激素不足时，会导致胚胎死亡及流产。医疗错误性流产：使用大量泻剂、利尿剂、麻醉剂、雌激素和其他可引起子宫收缩的药物。

②传染性流产，如布鲁氏杆菌病、沙门氏菌病、结核病、滴虫病、血孢子虫病等。

（2）症状。

①隐性流产　妊娠中断而无任何临床症状。发生在妊娠早期，囊胚附植前后。胚胎死亡液化被母体吸收，子宫不残留痕迹。有些牛妊娠4～6周甚至8周龄的胚胎死后，只残留胎膜不被吸收，以致久不发情。

②产出不足月胎儿　流产预兆、过程与正常分娩相似，如乳

腺胀大，阴门红肿，尾根塌陷等。

③死胎停滞　胎儿死后，由于子宫弛缓或子宫颈不开张或开张不全而长期停留在子宫内，又称延期流产。其结果可能是胎儿干尸化，胎儿浸溶或胎儿腐败（或气肿）。直肠检查可摸到干尸或溶解的胎儿骨片或气肿的胎儿。

（3）治疗。

①对有流产先兆的母畜，如果子宫颈口尚未开放，胎儿依然活着，可用下列方法保胎：

肌肉注射黄体酮 200 毫克，隔日一次，连用 3～5 次。在妊娠早期也可应用绒毛膜激素、促黄体素。

给以镇静剂，如安溴 100～150 毫升，一次静注，或盐酸氯丙嗪 200～400 毫克，一次肌注。

中成药保胎散，每次 400 克，加水灌服。

②对死胎停滞，应设法排出胎儿。常用苯甲酸雌二醇 20 毫克，肌肉注射。也可用 15-甲基前列腺素 F_{2a} 4～6 毫克或类似物氯前列烯醇 0.5～1.0 毫克，肌肉注射。通常在注射后 24～72 小时排出死胎。

③对传染性流产，要特别注意隔离和消毒，针对不同病原实施治疗。

④流产后要注意处理子宫，预防不孕症。通常给子宫内放置土霉素 20～30 片（每片含 0.5 克）。灌服中药生化汤效果良好，验方如下：

党参 60 克、黄芪 45 克、当归 90 克、川芎 25 克、桃仁 40 克、红花 30 克、炮姜 30 克、甘草 20 克、黄酒 150 毫升。体温高者，加黄芩、二花、连翘各 50 克，腹胀者加莱菔子 40 克。

流产后的母牛应让子宫恢复 1～2 个情期后再配种。

2. 阴道脱出

阴道脱出是阴道壁的部分或全部脱出于阴门外，多发生于怀孕末期。

（1）病因。

①雌激素分泌过多：怀孕末期因胎盘分泌较多雌激素，使骨盆内固定阴道的组织、阴道及外阴松弛。

②营养不良尤其是钙盐缺乏及运动不足，常引起全身组织紧张性降低。

③在以上基础上，伴有腹压增高的情况，如胎儿过大、胎水过多、瘤胃臌气等。

（2）症状。

①阴道部分脱出时，往往在母畜卧地后可见从阴门突出拳头或更大的红色球状物，站立后又自行缩回。

②阴道完全脱出时，可见从阴门突出红色如排球大囊状物，表面光滑，母畜站立后也不能缩回，在其末端能看到子宫颈口。

（3）治疗。对于阴道部分脱出且临近分娩期的患畜，只要注意护理，防止损伤感染即可。对阴道完全脱出者要迅速治疗。

①阴门缝合法　先将脱出部分用防腐消毒液（0.1%高锰酸钾或0.1%新洁尔灭）彻底清洗，有大伤口时要进行缝合。若努责强烈，用2%普鲁卡因6～10毫升在尾荐间隙施行硬膜外麻醉。然后趁患畜不努责时，用手将脱出的部分向阴门内托送，使其完全复位。最后用四股18号缝线将阴门作垂直钮扣缝合。注意下针不宜过浅，尽量靠近两侧坐骨结节以防撕裂。缝线打成活结，松紧度可以调整，不影响排尿。出现分娩预兆时拆除缝线。

②臀部肌肉缝合法　术者手臂消毒后伸入阴道，尽量压平阴道壁。用长直针穿上4股约20厘米长的18号缝线，末端系上直径2厘米、长4厘米的纱布枕。再将针夹在指间带进阴道，沿着坐骨小切迹从臀部皮肤穿出，提紧缝线，另夹一纱布枕后打结。以同样方法进行对侧阴道壁缝合固定。注意手入阴道后触摸骨盆侧壁大动脉，进针时一定要避开。

③结合以上缝合，在阴门两侧深部组织各注射75%酒精20～30毫升，可增强固定效果。同时可用黄体酮150～200毫

克，肌肉注射，每天一次，连用3天。另应给予钙剂，如10%葡萄糖钙300～500毫升或5%氯化钙250毫升，一次静脉注射。

中药可选用补中益气汤：

党参30克、黄芪60克、白术30克、甘草30克、当归30克、升麻30克、柴胡30克、陈皮30克、生姜20克、熟地50克。研为末，开水冲服，每日一剂，连用3日。

若是产后阴道脱出，可用：益母草200克、枳实（微炒）200克。研为末，开水冲调加黄酒250毫升，一次灌服。

3. 难产及助产

在遇到奶牛难产时，首先要查清母畜的全身状况和仔畜的反常情况，以区别难产的种类和确定处理方案。奶牛难产的种类很多，但常见的有以下几种。

（1）胎儿过大。指母畜的骨盆及软产道正常，但胎儿体格过大而不能产出。

①病因　可能与调节生长的垂体或甲状腺激素机能失调有关；怀孕期过长；体小的母畜和大型公畜配种，使后代的个体增大。

②诊断　胎儿的方向、位置及姿势正常，母畜强烈努责，但胎儿滞留产道不能排出。

③助产　可施行牵引术，在两前腿球节上拴绳子，术者手握胎儿下颌，由助手强行交替牵引两前肢，使胎儿肩胛部斜向通过骨盆。实在无法拉出时，可考虑剖腹产或截胎术。

（2）胎儿头颈侧弯。指胎儿的两前腿伸入产道，而头弯于躯干一侧。这是临床上最常见的一种难产。

①病因　胎儿活力不强，对分娩缺乏应有的反应，头颈未能伸直；由于子宫颈口开张不全，在子宫阵缩及胎儿躯体不断移动的情况下，头颈会逐渐弯向一侧；助产错误，过早助产，且只拉动两前腿，使头部弯向一侧。

②诊断　胎儿两前腿从腕部以下伸出阴门外，但看不到头

部。术者手伸入产道顺着胎儿前腿向后触摸，可发现胎头弯向胎体的一侧。

③助产

徒手矫正　在胎儿两前腿拴上绳子后，用手推送胎儿头部，同时抓住胎儿嘴头用力拉直侧弯的头颈，即可拉出胎儿。

在徒手不能矫正时，可用产科钩勾住眼眶牵拉，待胎头通过骨盆腔后，再同时拉动两前肢便可拉出。只要眼眶撕裂程度不大，胎儿仍可成活。

用单滑结套住胎头，用产科梃推动颈部的同时，助手拉动绳子，即可将头扳正拉出。

(3) 腕部前置。指胎儿前腿没有伸直，腕关节屈曲而前置。腕关节屈曲必然伴发肩肘关节屈曲，以致前腿折叠，肩胛范围增大。

①诊断　一侧腕关节屈曲时，在阴门能看到一个前蹄，两侧腕关节屈曲时，在阴门口什么也看不到。产道检查可触到一肢或两肢屈曲的腕关节及正常的胎头。

②助产　用手推动异常前腿的肩端，随之手握曲肢的掌部用力高举，并趁势滑至蹄底，再高举后拉，便可伸展曲肢。或者用产科梃推动肩部，手握住掌骨上端并向里向上推动的同时，助手拉动拴于系部的绳子即可纠正。

(4) 坐骨前置。指胎儿髋关节屈曲，后腿未进入盆腔而伸于自身躯干之下，坐骨向着盆腔。

①诊断　如果是一侧性，从阴门露出一个后蹄，蹄底朝上。如果是两侧性，从外面看不到什么。产道检查可摸到胎儿的尾巴、后腿和臀部。

②助产　用产科梃横顶在尾根与坐骨弓之间，由助手向前推进，同时术者用手握住胫骨下端向上向后拉，使后腿成跗关节前置，然后用矫正腕部前置的方法助产。

当胎儿较小时，一侧性坐骨前置可以强行拉出。

母牛努责强烈时，推送胎儿容易损伤子宫，此时可用2%普鲁卡因6～10毫升，进行尾荐间隙麻醉，再矫正比较顺利。

（5）胎位异常。指胎儿侧位和下位两种。侧位是胎儿侧卧，背部偏向母体腹壁的左侧或右侧。下位是胎儿仰卧，背部朝下。

①诊断　产道检查，正生时发现前蹄底向侧面或向上，头颈位于两腿中间或两腿旁边。再向前触诊可以依据胎儿胸背部的位置确定是侧位还是下位。

②助产　最好使母牛站立，将胎儿推回子宫进行矫正。可用手抓住两眼眶将头扭正，只要胎儿是活的，有可能自己转正胎位。

助手牵引胎儿前肢及头部的同时，术者推动胎儿后躯（正生）；或拉胎儿后肢的同时，推动胎儿的前躯及头（倒生），使胎儿基本变为上位即可拉出。

4. 子宫内翻及脱出

子宫角前端翻入子宫腔或阴道内，称为子宫内翻，子宫全部翻出阴门外，称为子宫脱出。奶牛子宫脱出比子宫内翻多见。子宫脱出多见于分娩之后几分钟，有时则在产后数小时内发生。

（1）病因。

①怀孕末期雌激素等性激素分泌增多，可使骨盆腔内的支持组织和韧带松弛。

②孕牛体质弱，营养不良，饲料中缺少钙质以及怀孕期间缺乏运动。

③助产时牵引胎儿用力过猛，使子宫内压突然降低，而腹压相对增高，子宫随即翻出。

④分娩时由于阴道及子宫受到过度刺激，发生急性炎症或严重损伤，产后持续强烈努责引起该病。

（2）症状。

①子宫内翻时，母牛产后常表现不安，明显努责、举尾，呈现腹痛症状。通过阴道及子宫检查便可确诊。

②子宫脱出时，可见一个很大的囊状物从阴门中突出，下垂至跗关节附近，往往还附着部分未脱落的胎衣。黏膜表面布满暗红色的子叶，并极易出血。

(3) 治疗。

①尽量使患畜呈前低后高姿势。

②清洗和消毒脱出部分，如有出血和伤口应及时进行结扎或缝合。

③用2%普鲁卡因8～10毫升施行尾荐间隙麻醉。

④整复时可用布将子宫抬起，使子宫与阴门同高。检查脱出子宫无扭转情况后，趁患畜不努责时由基部将脱出部分逐渐送入。然后借子宫托的作用充分复位压定，待患畜不努责时慢慢抽出子宫托，放置抗菌消炎药物，随即注射麦角新碱4～6毫克，或缩宫素100国际单位，并缝合阴门加以固定。

⑤注意事项　奶牛子宫脱出整复越早越好，附着的胎衣不必强行剥离。因为牛的胎盘属于上皮绒毛膜与结缔组织绒毛膜混合型，胎儿胎盘与母体胎盘联系比较紧密，子宫脱出时胎儿胎盘同母体胎盘仍黏附较紧不易剥离，且母牛胎盘处于充血状态，比较嫩脆极易损伤引起大出血。有些病例由于子宫黏膜损伤疼痛，刺激母牛努责导致子宫再次脱出。整复2日后再剥离胎衣效果较好。

5. 胎衣不下

母畜分娩后，胎衣如果不能在正常时间排出，称作胎衣不下或胎衣停滞。牛胎衣不下的发病率为7%，在分娩异常（如双胎、早产）时或布病流行区牛群，发病率可达50%或者更高。

(1) 病因。

①产后子宫收缩无力，常因饲料单纯、缺乏钙盐或其他矿物质，消瘦、过肥、运动不足等使子宫弛缓，或是由于双胎、胎儿过大、胎水过多等使子宫过度扩张，继发产后阵缩微弱。流产、早产或药物引产后绝大多数发生胎衣不下。

②常因子宫内膜或胎盘发炎造成粘连。患布鲁氏杆菌病、结核病即属此类。另外，妊娠期延长、胎盘结缔组织增生可影响胎盘分离。激素失常也是胎衣不下的一个病因。

（2）症状。

①胎衣全部不下，即整个胎衣未排出来，胎儿胎盘大部分仍与母体胎盘相连，全部胎衣滞留在子宫内及阴道内，仅见一部分已分离的胎衣悬吊于阴门之外。

②胎衣部分不下，即大部分已经排出还有剩余部分残留在子宫内，如不仔细检查，往往易被忽略。

③奶牛胎衣不下，大多数无明显的全身症状，有的食欲降低，弓腰，努责。经过1～2天，滞留的胎衣会腐败分解，夏天腐败更快。阴道排出红色恶臭液体，含腐败的胎衣碎片。腐败分解产物吸收，则出现败血症症状。

（3）治疗。

①促进子宫收缩，常用缩宫素60～80国际单位，肌肉注射，2小时后可重复一次，使用要早，最好在胎儿娩出后就注射，有人试验缩宫素后海穴注射效果更佳，产后通过静脉注射补糖、补钙也有良好效果。

②预防胎衣腐败及子宫感染，若产后12小时仍未排出胎衣，即将广谱抗生素以无菌操作送入子宫，常用土霉素20片（每片含0.5克）放置，每日一次，连用2～3次。

③如果药物无效可采用手术剥离，方法如下：

彻底清洗消毒患牛外阴和术者手臂。

子宫内灌注10%高渗盐水500～1 000毫升。

左手拉住露在阴门外的胎衣，右手顺着它伸入子宫摸到胎盘附着的地方，食指和中指夹住子叶，用拇指挤子体胎盘，即可剥离下来。

剥离时由近及远，循序渐进，联系比较紧密的地方分束掐断，避免损伤母体子叶。

胎衣取出后，给子宫放置广谱抗菌药物如土霉素、四环素等。

④剥离胎衣的时间要恰当掌握，夏天在产后24小时左右剥离，冬天可在48～72小时左右剥离，若剥离过早或过度牵拉，往往会损伤子宫深层造成子宫肌炎，给以后受孕带来困难。此外，剥离胎衣不一定要求彻底，虽然残留少许胎衣，只要子宫内放置抗生素，再配合"生化汤"之类的中药，能使子宫净化，不影响受胎率。

6. 子宫复旧不全

产后子宫恢复至未孕时状态的时间延长，称为子宫复旧不全或子宫弛缓。

（1）病因。

①凡能引起阵缩微弱的各种原因，均能导致子宫复旧不全，例如老龄、瘦弱、肥胖，缺乏运动、胎儿过大、胎水过多、双胎、难产时间过长等。

②胎衣不下、子宫脱出及产后子宫内膜炎继发本病。

（2）症状。

①产后恶露排出时间大为延长。由于腐败分解产物的刺激，常继发慢性子宫内膜炎。

②阴道检查可见子宫颈口弛缓开张，有的在产后7天仍能将手伸入，产后14天还能通过1～2指。

③直肠检查能感到子宫体积大，下垂，子宫壁厚而软，收缩反应微弱。有时子宫腔内积留液体多时，触诊有波动感。有些病例可摸到未完全萎缩的母体子宫。

（3）治疗。

①为增强子宫收缩，促进恶露排出，可注射麦角新碱2～3毫克，或缩宫素60～80国际单位。雌激素虽然对恶露排出有良好作用，但会引起奶量骤减。同时可静脉给予钙制剂，并在子宫内放置抗菌素。

②中药可灌服加味生化汤（见流产）或加味归芎汤：

党参 40 克、黄芪 90 克、当归 60 克、升麻 30 克、川芎 30 克、炙草 20 克、五味子 30 克、半夏 30 克、白术 30 克。隔日一剂，连用 3 剂。

7. 产后败血病

产后败血病是局部炎症扩散而并发的严重全身性疾病。其特点是细菌及其毒素进入血液，使病畜迅速表现沉重的全身症状。

（1）病因。

①通常是由于难产、助产不当或胎儿腐败，软产道受到创伤和感染而发生。

②严重的子宫炎及阴道阴门炎而并发。

③子宫脱出、胎衣不下、子宫复旧不全以及严重的脓性坏死性乳房炎也可诱发生此病。

（2）症状。

①发病初期体温突然上升至 40～41℃，呈稽留热。

②病牛常卧地、呻吟、头颈弯于一侧，呈昏睡状态，食欲废绝、反刍停止，但喜饮水。泌乳量骤减，2～3 天后停止泌乳。脉搏快而弱，呼吸浅快。

③病畜往往表现腹膜炎的症状，腹壁收缩，触诊敏感。有时出现腹泻，粪中带血，有时则发生便秘。

④往往从阴道中流出少量污红色或褐色带有恶臭的液体，内含组织碎片。

（3）治疗。

①彻底处理生殖道的损伤和炎症病灶。若是阴道炎症引起，可用温消毒液（0.1%高锰酸钾、3%过氧化氢、0.1%雷佛奴尔或 1%～2%等量的小苏打氯化钠溶液）冲洗阴道。渗出物量多且为浆液性时，用 1%～3%鞣酸溶液或 1%～2%明矾溶液。冲洗之后涂以抗菌软膏。对子宫则绝对禁止冲洗，可以使用雌激素和子宫收缩药物。

②应连续使用大剂量的抗菌素，直至体温降到正常为止。如每次肌肉注射青霉素 320 万国际单位和链霉素 2～4 克，同时静脉注射 10%磺胺嘧啶钠 200～350 毫升。

③为了增强机体的抵抗力，促进血液中有毒物质的排除和维持体液电解质平衡，可每次静注糖盐水 2 000～4 000 毫升、5%碳酸氢钠 500～1 000 毫升，同时肌肉注射大剂量的维生素 B 和维生素 C。

钙剂作为败血病的辅助疗法有一定作用。此外，可根据病情采取强心、利尿、止泻等对症疗法。

8. 卵泡囊肿

卵泡囊肿是由于卵泡上皮变性，卵泡壁结缔组织增生变厚，卵细胞死亡，卵泡液未被吸收或增多而形成的。多发生于四至六胎奶牛的产奶高峰期。

（1）病因。

①垂体或甲状腺机能失调，促黄体素分泌不足，雌激素应用过多。

②饲料中缺乏维生素 A，或含雌激素类物质过多。

③病畜患有卵巢炎、子宫内膜炎等生殖器官疾病。

④在卵泡发育过程中，气温突变可发生囊肿。另外，与遗传因素有关。

（2）症状。

①母牛发情表现异常，多数母牛不发情，有些母牛发情缺乏规律，周期变短，情期延长。

②持续表现发情行为，极度不安。荐坐韧带松弛，尾根毗邻处尤为明显。阴唇肿胀、松弛，阴道排出黏液，即呈现慕雄狂症状。

③直肠检查，卵巢体积增大，卵巢上有一个或多个紧张而波动的囊泡，直径大于 2 厘米，有的可达 5～7 厘米。囊壁比正常卵泡厚，子宫角松软，收缩反应差。

(3) 治疗。首先应当改善饲养管理条件，增喂富含维生素的饲料，对于舍饲的高产奶牛，要增加运动，减少挤奶量。治疗可选用下列方法。

①黄体酮注射液 50～100 毫克，一次肌注，每日或隔日一次，连用 2～7 次。

②促黄体激素（LH），一次肌注 100～200 国际单位。如用药一周后外表症状未见好转，直肠检查也未见改进时，可加大剂量第二次用药。

③绒毛膜促性腺激素（HCG），一次肌肉或皮下注射10 000国际单位，或静注 5 000 国际单位。

④中药：当归 60 克、黄芪 90 克、川芎 40 克、桃仁 40 克、红花 30 克、益母草 80 克、淫阳藿 60 克，三棱 50 克、莪术 50 克、丹皮 50 克、甘草 30 克。煎汤灌服。

⑤配合子宫灌注抗菌药物，效果更好。

★ 9. 慢性子宫内膜炎

慢性子宫内膜炎为缺乏全身症状的局部感染。是奶牛的多发病。奶牛不孕症绝大多数是由于慢性子宫内膜炎引起，据统计，此病约占不孕牛的 92%。

(1) 病因。

①慢性子宫内膜炎常由急性转变而来，大部分是由链球菌、葡萄球菌及大肠杆菌引起。

②配种及助产时消毒不严格。

(2) 症状。

①从阴道不定期地排出分泌物，发情期量增多，分泌物清稀无黏性，或混浊、黏稠、发黄，或为脓性物和稠面汤样，或为清亮透明的分泌物中夹杂脓丝、脓团。

②有些牛发情周期紊乱。

③直肠检查，子宫角多数收缩反应较差，有些病例子宫角似处于痉挛状态而感其较硬，也有些病例无明显形态学上的变化。

(3) 治疗。

①子宫灌注法　0.1%的稀碘液，对各类炎症有较好疗效。因其可刺激子宫黏膜，促进炎性分泌物的排出。每次灌注15～30毫升，连用2～3次，氯霉素注射液，由于吸收慢，可在子宫内长期保持较高的抑菌浓度。每次灌注20毫升（250万国际单位），也可将上述两种药物交替灌注。对临床症状较轻的病例，灌注卡那霉素或庆大霉素。对隐性子宫内膜炎在输精前2小时，常用庆大霉素24万国际单位灌注有良好效果。对病程较久的患牛可用宫得康乳剂灌注。

②激素疗法　常用苯甲酸雌二醇注射液5～10毫克肌注。因雌激素能使生殖器官血管增生，血液供给旺盛，机能增强，尤其在子宫积液时能促其排出。但用量不能大，也不宜反复应用，以防引起卵泡囊肿或降低奶产量。

缩宫素注射液每次肌注50～80国际单位，每个疗程可用1～3次。

③维生素疗法　常用维生素A、维生素D注射液5～10毫升，维生素E注射液50毫克，肌肉注射，每个疗程1～3次。这类维生素对于子宫的修复和受胎是不可缺少的。

④封闭疗法　常用0.25%～0.5%的盐酸普鲁卡因40毫升、青霉素160万国际单位、后海穴封闭，使处于痉挛状态的子宫得以松弛，改善局部组织营养，加速病理产物的代谢吸收，终止炎症发展。

⑤行气活血汤治疗　当归60克、赤芍40克、桃仁40克、红花30克、香附40克、益母草90克、青皮30克，水煎，灌服。每个疗程1～3剂。

卵巢机能不全或乏情时，加阳起石100克、淫阳藿90克、菟丝子80克。卵巢囊肿时，加三棱40克、莪术40克，子宫弛缓时，加党参45克、黄芪80克、柴胡30克、升麻30克。子宫炎症较重时，加二花50克、黄芩50克。

慢性子宫内膜炎虽为局部病变，但在治疗时必须考虑到整体，所以宜采用以上方法综合治疗，其效果颇好。

可供子宫灌注的药物种类很多，治疗时应根据病情、病程、疗效灵活选用。刺激性的药物浓度不宜太高，以保护子宫黏膜为主。另外，由于牛生殖器官的解剖特点，子宫灌注药物容量不能过大。

（五）常见乳腺疾病防治

1. 乳房炎

乳房炎是由病原微生物感染而引起的乳腺组织各类型炎症，并且乳汁的物理和化学性质也发生了改变。

（1）病因。乳房炎的病因非常复杂，其病因不是单一的，而是致病原因与不同因素（不良的饲养管理、乳头异常、高产乳量、产后机体与乳房状态等）的联合作用而形成的。

①厩舍卫生条件差，病原微生物（主要有葡萄球菌、链球菌、大肠杆菌及某些真菌、病毒等）可由乳头孔上行到乳腺组织，引起炎症。

②乳房外伤、挤奶不净或挤奶技术不当，均易发生乳房炎。

③患胃肠炎、弥漫性腹膜炎、产后感染及阴道炎等疾病时，常继发乳房炎。

④性激素的影响，牛乳房炎多在发情期后3～9日。据认为，这期间体内性激素活性较高，可促使葡萄球菌等病原菌增殖发育。如有些牛场在饲喂豆科牧草多的季节，外源性雌激素的摄入量增加，乳房炎的发病率也增高。

（2）症状。

①隐性感染　乳汁有病原菌，无任何临床症状。

②非临床型乳房炎　乳房无症状，乳汁无肉眼可见的异常，但产奶量受一定影响，乳中病原菌、白细胞和脓球增多。

③临床型乳房炎　乳汁显著异常，乳量减少，患区有红、

肿、热、痛症状，根据炎症性质分以下类型：

浆液性炎　浆液及大量白细胞渗到间质组织中，乳房红肿热痛，乳上淋巴结肿大，乳汁稀薄，含絮状物。

卡他性炎　多见于泌乳初期，特征是乳池及乳管黏膜和腺泡发炎。乳管及乳池卡他性炎，先挤出的奶含絮片，后挤出的奶不见异常；腺泡卡他性炎，患叶乳量急剧下降，整个挤奶过程都可见到絮状片或凝乳块。

纤维蛋白性炎　特点是纤维蛋白渗出到黏膜表面。精神沉郁，食欲减退或废绝，体温升高，患叶迅速肿大，皮肤紧张、充血、温热、疼痛，触之坚实。病初乳汁变化不大，经 2～3 天后，挤奶比较困难，仅能挤少量乳清或混有纤维素渣的脓性分泌物，有时含血液。本型多由卡他性炎发展而来。

化脓性炎　由卡他性炎转化而来，除患区有炎性反应外，乳量剧减，乳汁水样稀薄，含絮状物，有较重的全身症状。数日后转为慢性，最后乳房实质萎缩硬化，乳量减少以至无乳。

乳房脓肿　为乳房中形成一个或几个脓肿。位于乳房浅表或深部。

乳房蜂窝织炎　皮下及间质结缔组织的弥漫性化脓性炎症。通常作为浆液性炎、乳房脓肿或乳房皮肤创伤的继发症。

出血性炎　是深部组织（乳房间质）腺泡及输乳管腔出血。多发生在产后最初几天，患叶显著浮肿，乳汁稀薄并呈淡红或血色，内含絮片，伴有全身症状，可能是溶血性大肠杆菌等引起。

（3）治疗。

①全身症状明显时，常用红霉素 300 万～500 万国际单位加水 5%葡萄糖液中静注，或 10%磺胺嘧啶钠 150～350 毫升加入糖盐水静注，每日 1～2 次，连用 3 天，或四环素 5 克分别加入 2 000毫升糖盐水中静注，或 0.2%环丙沙星 800 毫升静注。

②患区放完乳汁后，可向内注入抗生素，如卡那霉素 150 万～200 万国际单位，或青霉素 160 万国际单位、链霉素 100 万

国际单位，每日 3 次。乳汁絮状物或脓性物较多时，可先用 0.1%雷佛奴尔液或生理盐水冲洗后再行灌注。

③在炎症的红、肿、热、痛期，用青霉素 160 万国际单位、0.25%～0.5%普鲁卡因 40～80 毫升，进行乳房基部封闭，效果良好。

④炎症初期乳房红肿时，采用冷敷。待渗出及炎症控制后，则采用热敷，常用 20%硫酸镁液，同时辅以乳房按摩。

⑤静脉注射钙制剂或口服左旋咪唑（7.5%毫克·千克体重），有助于本病的恢复。

⑥中药可选用

急性期用公英地丁汤　公英 150 克、地丁 150 克、二花 80 克、连翘 70 克、乳香 40 克、没药 40 克、青皮 50 克、当归 50 克、川芎 30 克、通草 40 克、红花 30 克，水煎灌汤，每日一剂，连用 3 次。

慢性期可试用消肿散淤散　当归 50 克、丹参 50 克、公英 100 克、王不留 40 克、赤芍 50 克、乳香 40 克、没药 40 克、青皮 40 克、枳壳 40 克、牛膝 30 克，研末，开水冲灌。

2. 乳头管狭窄及闭锁

（1）病因。

①乳头尖端或乳头管创伤或挫伤形成瘢痕所造成。

②乳头管黏膜下结缔组织增生，扩约肌肥厚，导致管腔狭窄及闭锁。

③由乳房炎引起。

（2）症状。

①乳头管狭窄时，挤乳困难，乳流纤细；乳头管口狭窄时，乳汁射向一方或喷向四方。

②掐住乳头捻动时，可感觉乳头管粗硬或有瘢痕。

③乳头管闭锁时，乳池充满乳汁，但挤不出奶。

（3）治疗。

①用带螺纹的铁丝磨锉、扩张乳头管后，插入蘸有蛋白溶解酶的棉棒，或插入蘸有抗生素软膏的硬纸棒。挤奶时取出，挤完奶后又按上法插入，维持7～10天，可望恢复。

②冷冻法 将粗细不同的几根金属乳导管或铁丝拴住一端，吊放液氮罐内3分钟，戴上手套拉住拴线的一端取出，迅速插入乳头管内，停留片刻，抽出再换冷冻导管，如此反复多次。最后向乳头管注入青霉素和普鲁卡因。若一次冷冻效果不理想，隔1～2日可进行二次冷冻。

③手术切除乳头管内增生物，但效果较差。这些方法无效时，可使患区停奶。

3. 乳池狭窄及闭锁

（1）病因。

①通常由乳池黏膜的局限性慢性炎症所造成。

②有些病例乳池内存在乳头状瘤，或因乳池黏膜破裂形成瘢痕和肉芽肿。

（2）症状。

①整个乳池狭窄时，其壁变厚，其腔缩小，乳头变硬，乳池中无乳。局部狭窄患叶常充满乳汁，也容易挤出，但乳池再度充满却十分缓慢。

②触诊乳池壁有环形不能移动的增厚部分。通奶针插入受阻，有时可触到肿瘤或瘢痕组织硬块。

③乳池完全闭锁时，乳房中充满乳汁，而乳池无乳。

（3）治疗。

①局限性狭窄和闭锁，可施行手术疗法 用冠状刀、乳头刀、半圆形铲等器械切掉肿瘤瘢痕及肉芽肿。也可用通奶针、细小套管针或弯曲针尖的采血针头，插入阻塞物反复刮削。术前要麻醉乳池黏膜，用3%普鲁卡因5～10毫升注入乳池即可。术后要挤净血液、组织碎片，注意止血，插放通奶针或塑料管（5～7天），并注入抗生素。

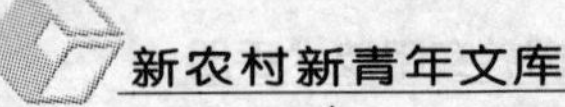

②也可参照乳头管狭窄及闭锁的治疗方法。如果无效可放弃患病乳区，由其它乳区代偿产奶。

4. 血乳

血乳是乳房血管充血，血管壁扩张，血液进入腺泡及乳管道中，使乳汁变成红色。

（1）病因。

①产前因乳房过度胀满，水肿、乳房毛细血管通透性增强所致。

②代谢障碍和机体中毒可能出现血乳。

（2）症状。

①四个乳区均出现血乳，但各乳区中含血量不一定相同。

②患畜全身状况良好，无乳房炎症状。

（3）治疗。

①止血敏 20 毫升、维生素 K_3 40 毫克，肌肉注射，一日两次，连用 2～3 日。或者用止血合剂：5％葡萄糖水 1 000 毫升、止血敏 20 毫升、维生素 K_3 40 毫克、止血芳酸 60 毫升，混合一次静脉注射。

②10％葡萄糖 1 000 毫升，10％葡萄糖酸钙 300 毫升（或 5％氯化钙 250 毫升）、维生素 C 50 毫升，一次静脉注射。

③给乳房内打入滤过的空气，使腺泡腺管充气，压迫血管止血。

④禁止按摩和热敷，冷敷有益。停喂食盐，限制饮水。一般经过 2～6 天，预后良好。

5. 泌乳不足及无乳

泌乳不足及无乳是指产后或在泌乳期中，泌乳量明显减少或无乳。此处所说的无乳和乳滞不同。

（1）病因。

①乳腺机能紊乱或其他疾病引起。

②产前干奶过迟，使泌乳组织得不到应有的休息，产后

乳少。

③营养不良或缺乏多汁饲料，初产牛由于发育不足，配种过早，致使乳腺组织发育不全，产后乳少。

（2）症状。

①初产牛乳房过小，经产牛乳房不充盈，皮肤松弛，皱纹明显，腺体组织松软，开始挤出少量乳汁，而后乳量更加减少，乳汁无异常。

②如果同时发生乳汁变性，应考虑是否有隐性型或亚临床型乳房炎，以及是否用过雌激素。

（3）治疗。

①增加青绿、多汁、富含蛋白质的饲料，温敷及按摩乳房。

②10%葡萄糖 1 500 毫升，5%氯化钙 300 毫升、10%维生素 C40 毫升、10%维生素 $B_1$40 毫升，一次静注。

③生乳散 400 克（丹东兽药厂生产），加入维生素 AD 丸 30 粒、维生素 $B_1$30 片，水冲灌服，一日一剂，连用 3 次，有一定效果。

益气生乳散：当归 50 克、川芎 40 克、炙黄芪 80 克、焦白术 50 克、党参 50 克、五味子 40 克、生地 50 克、麦冬 40 克、桃仁 30 克研为末，开水冲，候温灌服，一日一剂，连用 3 次。

④因其他疾病所引起的，先治愈原发病，以后再促乳。

6. 酒精阳性乳

酒精阳性乳，是指刚从乳房内挤出的乳与等量的 70%酒精混合后出现絮状凝块的牛乳。在某些地区或牧场发生率相当高，在农户交售鲜奶过程中也常有低酸度酒精阳性乳。

多年来，酒精试验已成为乳品厂检测牛奶品质好坏的一个指标，常用来作为评定牛奶酸度变化的依据。因此，凡属酒精阳性乳，不论其酸度高低，加热凝固与否，都按不合格处理，致使大批质量稍差，但尚能利用的新鲜牛奶被废弃。

(1) 临床特点。

①酒精阳性乳的颜色、外观无任何肉眼可见变化。

②多发生于春季，初冬舍饲期气温骤变时亦较多见。

③酒精阳性乳牛精神、食欲正常。

④发生突然，有的时间较短，约经7～10天后自行消失，有的持续数月（1～3个月），或者时好时发，反复出现。往往在突然增加精料后发生。

(2) 原因。酒精阳性乳的发生是一个极其复杂的临床表现，其原因是多方面的。它不仅与饲养管理、日粮组成有关，而且与机体所处的状况、健康程度、外界环境、气象因子等密切相关。可能是机体的一种应激表现。

(3) 防治。

①日粮要平衡，精粗比例要合适。特别是精料喂量要根据泌乳量随时调整，以免过多而加重肝脏负担和影响乳腺正常机能。

②严禁饲喂发霉、变质饲料。要注意维生素、矿物质（钙、磷）的供应。

③酒精阳性乳发生在泌乳末期，如果产奶量不多，又临近干乳期，可以停乳。

④药物治疗，尚无特效办法，目的在于调节机体代谢，解毒保肝，改善乳房内环境。

补糖补钙，可用25%葡萄糖500毫升、10%葡萄糖酸钙400毫升，静脉注射，每日一次，连用3～5日。对产奶量高的奶牛，效果更好。

改善乳房内环境，可用0.1%柠檬酸钠液50毫升或1%碳酸氢钠液50毫升，挤乳后注入乳房内，每天2～3次。

增进乳腺机能，可内服碘化钾8～10克，每日一次，连服3～5日。或用2%甲硫酸尿嘧啶20毫升，配合维生素B_1注射液30毫升，肌肉注射。

在发情期出现酒精阳性乳，可肌注黄体酮100～200毫克。

附：牛的免疫程度（仅供参考）

牛	日龄	疫苗名称	接种方法	免疫期与备注
后备牛	5	牛大肠杆菌灭活苗	肌注	建议做自家苗
	80	气肿疽灭活苗	皮下注	7个月
	120	Ⅱ号炭疽芽胞苗	皮下注	1年
	150	牛O型口蹄疫灭活苗	肌注	6个月，可能有反应
	180	气肿疽灭活苗	皮下注	7个月
	200	布鲁氏菌病活疫苗（猪2号）	口服	2年，牛不得采用注射法
	240	牛巴氏杆菌病灭活苗	皮下或肌注	9个月，断奶前犊牛禁用
	270	牛羊厌气菌氢氧化铝灭活苗	皮下或肌注	6个月，或用羊产气荚膜梭菌多价浓缩苗，可能有反应
	330	牛焦虫细胞苗	肌注	1年，最好每年3月接种
成年牛	每年3月	牛O型口蹄疫灭活苗	肌注	6个月，可能有反应
		牛巴氏杆菌病灭活苗	皮下或肌注	9个月
		牛羊厌气菌氢氧化铝灭活苗	皮下或肌注	6个月，或用羊魏氏梭菌多价浓缩菌，可能有反应
		气肿疽灭活苗	皮下注	7个月
		牛焦虫细胞苗	肌注	1年
		牛流行热亚单位苗	肌注	6个月
	每年9月	牛O型口蹄疫灭活苗	肌注	6个月，可能有反应
		牛巴氏杆菌病灭活苗	皮下或肌注	9个月
		气肿疽灭活苗	皮下注	7个月
		Ⅱ号炭疽芽胞苗	皮下注	1年
		牛羊厌气菌氢氧化铝灭活苗	皮下或肌注	6个月，或用羊魏氏梭菌多价浓缩菌，可能有反应
		布鲁氏菌病活疫苗（猪2号）	口服	2年，牛不得采用注射法

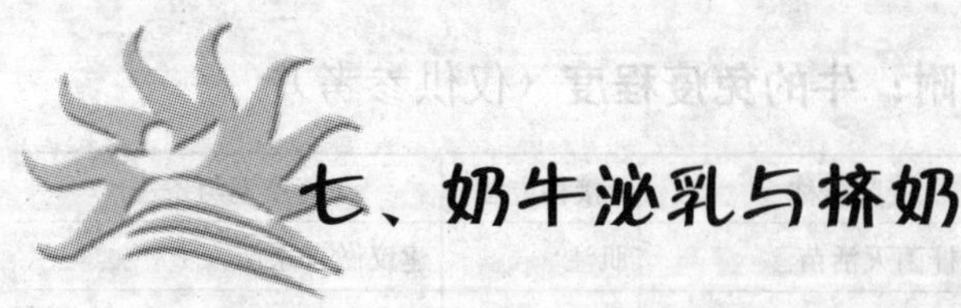

七、奶牛泌乳与挤奶

（一）乳腺的生理特点

1. 乳腺的发育和功能

乳牛在妊娠期间，胎儿在30～40日龄时乳腺已开始发育，出生时已出现了乳头和乳池。在母牛怀孕之前，乳头和导管系统的发育是比较慢的，在此期间，卵巢中的雌激素是导管系统的主要刺激物；在怀孕后，导管系统迅速发育并延伸到乳房的每个部分，小泡的发育也是在这时候开始的，并继续迅速发育。怀孕7～8月时，乳腺内开始积累大量液体，以后由于在小泡和导管里积累了初乳，因此乳房增大。在此时期，乳房的发育与激素有关，特别是雌激素、生长激素和催乳激素起了很大作用。

母牛分娩和哺乳开始后，乳房继续发育。在哺乳前期，小泡数量继续增加，并在哺乳期高潮达到最大数量，然后在哺乳后期开始衰减，以后在下一个泌乳期之前再得到发育。在分娩时催乳素和促肾上腺皮质激素（ACTH）含量增加，而孕酮含量下降，这些是开始刺激泌乳的因素。分娩后产乳量迅速上升，在2～6周内达到高峰，然后逐渐下降，一般在10～12个月后就干乳了。人们把乳牛的哺乳期能够持续多长的程度称作哺乳持续性，泌乳持续程度的计量度称作泌乳持续度。在泌乳达到高峰以后，每月奶产量应是前一个月的90%，高于90%的持续度是令人满意的。如果大部分乳牛不能保持高的泌乳持续度，特别是在第三和第四泌乳月中，产量迅速下降，那就得检查挤乳方法与饲养措施，可能是挤乳不净、放乳不佳或营养不良所造成的。催乳激素、肾上

腺皮质激素和生长激素也影响泌乳的持续度，因此挤乳有降低乳房内的压力和刺激乳牛分泌激素的作用。

乳腺的发育和功能受遗传、内分泌和环境的影响，适宜的营养和正确的管理对乳房的正常发育和保持其正常功能起很大的作用。

2. 乳牛乳房的内部结构

奶牛乳房的外形呈扁球状，附着在奶牛的后躯。乳房内有一条中悬韧带，它沿着乳房中部向下延伸至乳房底部，将乳房分为左右两半，每一半乳房的中部又被结缔组织隔开，分为前后两个乳区。因此，乳房被分为前后左右四个乳区，每个乳区都有各自独立的分泌系统，互不相通。

乳房两侧又各有一条侧悬韧带，从腹壁沿乳房两侧延伸到乳房底部，而与中悬韧带相衔接。同时，还有一些薄韧带组织（如网丝）延伸到左右乳房组织内，以加强乳房的固定。

乳房内部系由血液循环系统、淋巴系统、神经系统、分泌系统（腺体组织）和结缔组织所组成。结缔组织主要起支撑乳房的作用，并将乳腺泡联成外形似葡萄穗的乳腺小叶。乳腺小叶集合而成乳腺叶。乳腺叶是由无数小管（末梢导管）连接而成的，这些小管汇成许多较大的导管（大输乳管）。这些大输乳管的末端，与乳池相通。在乳腺叶中形成的乳汁经过末梢导管，再由大输乳管流入乳池中，并通过乳头管而向外排出。在乳头管的开口部分，围绕一层括约肌，此肌的强弱，因乳牛品种及个体而不同。排乳速度的快慢，与括约肌的强弱和乳头管的粗细有很大关系。

乳腺泡和末梢导管是由单层的分泌上皮细胞组成的，它们的外形似一粒有柄（导管）的葡萄（乳腺泡），乳腺泡的中心是空的，称乳腺泡腔。这些乳腺泡的分泌细胞相当于牛奶加工厂，它们的作用是：从它周围的血管中吸收所需要的营养物质，在细胞内合成乳脂肪、乳蛋白、乳糖，并将这些合成品和吸收来的矿物质、维生素、球蛋白和水分等分别排到乳腺泡腔内，在此混合成乳（图 7-1）。

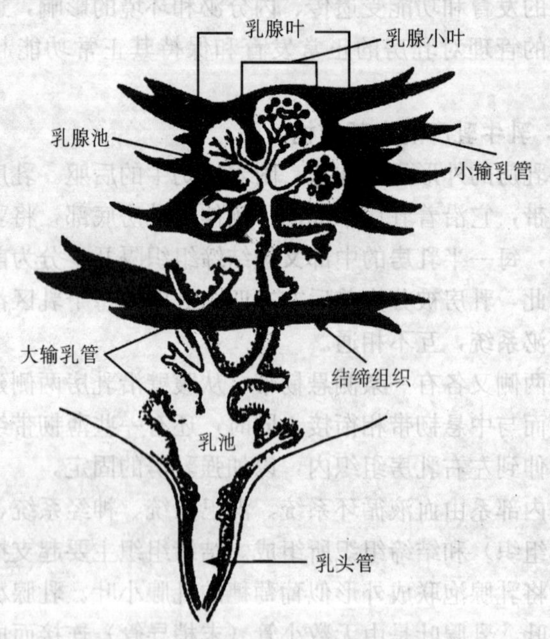

图 7-1　乳导管和乳腺泡系统

（二）乳的分泌与排出

1. 乳的分泌

母牛在泌乳期间，奶的分泌是持续不断的。奶刚挤完，奶的分泌达到最大速度，到下次挤乳前减到最低速度。当两次挤乳之间奶充满于乳泡腔和乳导管时，上皮细胞必须把奶排出，以防止乳房内压的不断增高，结果奶的分泌速度减慢，直到母牛开始挤乳为止。如不通过挤乳减少压力，则奶的分泌就将停止，而奶的成分也将被血液吸收。

挤乳后最初 9～11 小时，奶的分泌速度是高而稳定的，以后

分泌速度即开始迅速降低，如果不给母牛挤乳，则挤乳后35小时奶即停止分泌。这就是为什么母牛特别是高产母牛一天必须每隔12小时或11～13小时挤乳一次的缘故。对于更高产的母牛一天要挤乳三次的主要原因，是比一天挤乳二次的母牛有更长的时间处于乳房内压较低的情况下进行挤乳。

由于奶的分泌是持续不断的过程，因此每次挤得的大部分奶在挤乳开始时就已存在于乳房内乳腺泡和乳导管中，只有一小部分存在乳头管和乳池中。“排乳”或放奶的过程是奶从乳腺泡腔和乳导管中排到乳池中，然后才能被挤出来。奶的排出是一种神经和内分泌的反射作用。奶的排出是通过擦洗乳房、挤压乳头、犊牛吸吮或其他因素的刺激而实现的。这些刺激引起神经的冲动，沿传入神经进入脊髓和大脑。大脑引起垂体后叶分泌催产素，经血液流到乳腺，刺激乳腺泡和末梢导管周围的肌上皮细胞以及血管壁肌肉，使其起收缩作用。乳房收缩组织的反射性活动使乳房内压急剧增加，于是压迫乳腺和末梢导管内的奶汁流入乳导管和乳池中，这时，泌乳作用即行开始。这种动作叫做“排乳”。这种“排乳”过程在刺激作用以后经过45～60秒即行发生，维持的时间最长仅达7～8分钟。因此，及早开始挤乳（刺激作用以后1分钟内）和迅速挤乳是很重要的，这样才能获得最高的奶产量。

2. 乳的排出

奶的排出，有时对母牛即使进行了正确的刺激，也可能停止，这就是通常所说的“停奶”。排乳的停顿是不知不觉地发生的，它是由于受到惊恐而分泌出的缘故。当母牛受到神经方面的刺激，如粗暴地对待母牛，高声喧哗，疼痛及刺激等，都可以使这种肾上腺素释放出来；连续不断地频繁挤乳，也能刺激母牛，使之感到厌烦而导致肾上腺素的释放。肾上腺素通过血管壁的收缩，有中和（降低）催产素的效果，这样就减少了血液的流量和乳房内催产素的含量，并妨碍垂体后叶分泌催产素。如果肾上腺素是在排乳刺激以前受到刺激而释放出来，则排乳几乎完全停顿；如果是在排乳开始以后释放，则排乳作用只有部分停止。排乳不良可使大量的奶返回乳房，其结果会更快地增加乳房内压，这样就使得泌乳的速度减低，终至减少奶产量。温和地对待母牛，并按正规的间隔时间仔细挤乳，就很少会碰到这样的问题。

（三）科学挤奶技术

为了提高乳牛的产奶量，除了重视育种和科学的饲养管理外，还要掌握正确的挤奶技术。经验证明，在正常的饲养条件下，正确和熟练的挤奶技术能充分发挥乳牛的产奶潜力，获得量多质好的牛奶，并可防止乳房炎的发生。

1. 挤奶方法

挤奶的方法有手工挤奶和机器挤奶两种。

在国外乳牛业发达的国家，机械化水平很高，几乎全部都采用机器挤奶，手工挤奶已经废弃不用；而且多采取散放饲养方式，在特设的挤奶台用管道式电气挤奶机进行集中挤奶。机器挤奶与手工挤奶相比，可以大大减轻工作人员的劳动强度，并可提高劳动效率2～2.5倍；而且挤奶时速度和刺激始终保持一致，使乳牛感到舒适，因而可提高其产奶量。根据北京市双桥农场的经验，用机器挤奶，可使乳牛的产奶量提高6%～10%。此外，由于机器挤奶是在密闭的挤奶系统中进行的，牛奶污染的机会少，因而可以大大提高牛奶的质量。我国目前乳牛业中机械化水平还不很高，除大中城市乳牛场采用机器挤奶较普遍外，手工挤奶占相当比重。即使采用机器挤奶，也还需与手工挤奶相配合，因此，挤奶员必须首先熟练地掌握手工挤奶技术。

2. 手工挤奶

（1）挤奶前的准备工作。挤奶员在挤奶前要剪短指甲，以免损伤乳头及乳房。乳房上过长的毛也要剪掉。赶起牛时要温和对待，不要鞭打；牛站起后，随即清理牛床后1/3处的垫草，将粪

便刮入粪沟，便于挤奶的操作。同时要洗刷牛的后躯，避免牛体的碎草、粪土等物落入奶中。在准备好清洁的挤奶用具和穿好工作服、双手洗净之后，就可进行挤奶前的预备操作。

第一步是擦洗乳房，这是促进母牛排乳，减轻挤奶负担，获得清洁牛奶所必不可少的工作。洗乳房用的水，应该是清洁的温水，水温以50℃左右为宜，在挤奶过程中要换几次水。洗的方法是：挤奶员站在牛的右侧，用带水毛巾洗乳头孔及乳头，再洗乳房；然后站在牛的后侧，一手扶住牛的坐骨，一手擦洗牛的乳镜、乳房两侧与大腿之间。要洗得全面彻底，每次挤奶应洗2～3次。最后将毛巾拧干擦拭乳房的每一部位。接着将牛尾拴在牛的后腿上，立即进行预备按摩乳房操作。

在挤奶前进行预备按摩乳房的操作是非常必要的，因为通过轻度按摩，可以刺激乳房排乳，创造有利的挤奶条件。操作方法是：用双手按摩乳房表面，以后轻轻按摩乳房各部。这时乳房膨胀，皮肤表面血管怒张，呈淡红色，皮温升高，触之很硬，这是乳房内开始放奶的象征，应立刻挤奶，不要耽误。

挤出的第一、二把奶应收集在专用容器内，不可挤入奶桶内，也不宜随便挤在牛床上。因为最初挤出的奶中含有大量细菌，能污染垫草而传播疾病。

（2）挤奶操作。挤奶员以小板凳坐在牛的右侧后1/3～1/2处，与牛体纵轴呈50°～60°的夹角。将奶桶夹于两大腿之间，左膝在牛后右后肢飞节前侧附近，两脚向侧方张开，即可开始挤奶。一般是先挤后侧两个乳头，这叫双向挤奶法。此外还有单向（先挤一侧两乳头）、交叉（先挤左前右后两乳头，以后再挤右前左后两乳头）、单乳头挤奶法。后一种方法在挤奶结束时，对一些特殊乳房或已经变了形的乳房（如漏斗状乳房），为榨取其中的余奶而采用。

①拳握法挤奶　挤奶时，要用手的全部指头把乳头握住，从手底几乎看不见乳头，用全部指头和关节来同时进行，这叫拳握

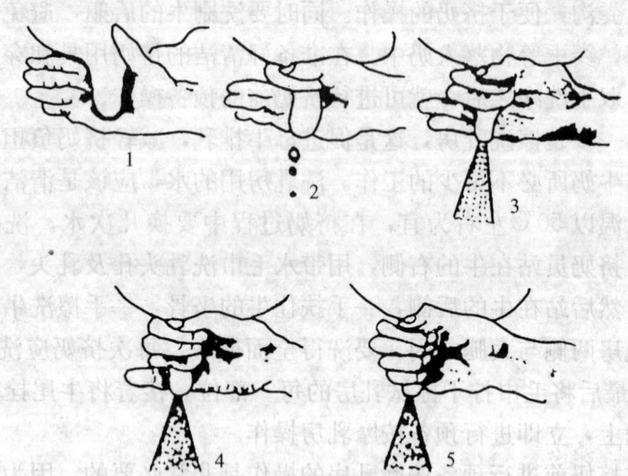

图 7-2　拳握法挤奶示意图

法或压榨法。此法优点是可以保持牛的乳头清洁干净，不损坏、不变形，挤奶速度快，省劲而方便。

压榨挤奶法应使握拳的下端与乳头的游离端齐平，以免奶溅到手上，污染乳汁。握力一般为 15～20 千克，尽量做到用力均匀、一致。压榨速度应稍快，每分钟约 80～120 次，根据母牛的排乳特性灵活掌握，原则是母牛大量排乳时，必须加快速度。一般在开始挤奶的 1 分钟，速度为 80～90 次/分钟，以后大量排乳，速度为 120 次/分钟，最后排乳较少，速度又降为 80～90 次/分钟。每分钟的挤奶量应能达到 1～2.0 千克。

②滑榨法挤奶　对于乳头短小的母牛，可采取指挤法或滑榨法挤奶，即以拇、食指捏住乳头基部，向下滑动，将奶捋出。此法初学时很易操作，但对乳牛危害极大，它能引起乳头皮肤破裂、乳头变长、乳头腔变曲等严重弊病。此外，此法需用润滑剂来减轻手指与乳头皮肤的摩擦，乳汁是取之最方便的润滑剂，这样就会增加牛奶污染的机会。因此，除乳头特别短小者外，此法应禁止采用。

当大部分奶已挤完后，应再次按摩乳房。采取半侧乳房按摩法，即先后按摩右侧和左侧的乳区。动作是两手由上而下，由外向里按压一侧两乳区，用力稍重，如此反复6～7卜，使乳房内乳汁流向乳池，然后重复榨取各个乳区。到挤奶快结束时，进行第三次按摩乳房。这次必须用力充分按摩，尤其对新产牛更要做得细致。方法是用两手逐一分别按摩四个乳区，直到完全挤净、点滴不留为止。挤毕可在乳头上涂以油脂，防止龟裂。每次按摩时，要把挤奶桶放在一边，以免按摩时毛发、皮垢等物落入桶内污染牛奶。

（3）挤奶时应注意事项。为了保证做好挤奶工作，挤奶时应注意以下事项：

①擦洗乳房后，要立即挤奶，并且每头牛要在6～10分钟内挤完，其中包括擦洗乳房和按摩乳房的时间。时间太长，将降低产奶量。因为奶的分泌与乳牛的神经系统和内分泌有密切关系，挤奶前乳房的擦洗和按摩，对乳房产生一种刺激，通过神经系统作用于乳房的收缩组织，同时也通过内分泌反射地引起肌上皮和平滑肌细胞的收缩，使奶由乳房排出。这种反射和收缩作用时间是很短的，只能维持几分钟，所以从擦洗乳房到挤奶结束一定要连贯进行，要求在几分钟内挤完，中途不可停顿。如果时间拖得过长，反射性活动已过，奶便返回乳房而很难挤出，这样就必然降低产奶量。试验证明，缓慢地挤奶可降低奶量12％左右。

②挤奶时精力要集中，禁止喧哗、嘈杂和特殊音响等，勿让生人站在母牛附近，以防乳牛受惊，影响产奶量。有人试验，挤奶时放音乐，能提高产奶量。这说明挤奶时创造安静、良好的环境，使乳牛感到舒适，有利于乳汁的良好分泌。

③严格执行作息时间，以一定次序进行作业，不可任意打乱或改变。因改变时间和顺序，会引起乳牛不安。这不仅造成挤奶困难，而且还会降低产奶量。

④遇有踢人恶癖的母牛，首先态度要温和，严禁拳打脚踢，应不断给予安抚。挤奶时注意牛的右后腿，如发觉牛要抬右后腿时，可迅速用右手挡住。不得已时才用绳将两后腿拴住，然后进行挤奶。

⑤每挤完一头牛的奶，应分别称重，作好记录。患乳房炎的牛应在最后挤奶。一切与牛奶接触的用具，在使用前后，均应洗净晾干，保持清洁。

⑥挤奶卫生。牛奶是营养丰富的食品，同时也是微生物良好的培养基。当牛奶进入异物和微生物即被污染。牛奶污染主要是在挤奶过程中发生的。为了减少牛奶污染的机会，挤奶时应注意以下事项：

a. 对产奶母牛乳房的长毛应经常剪短，以减少污染牛奶机会。

b. 挤奶人员要注意个人卫生。修短指甲、挤奶前洗手、挤奶时穿工作服、戴口罩和帽子。挤奶员要定期进行健康检查，凡患有传染病的人，不能参加养牛工作，更不应当进行挤奶。

c. 挤奶前首先对牛体后躯刷洗，清理牛粪，冲洗牛床。

d. 牛进入牛舍前应将干草填入饲槽，进舍后和挤奶时，不喂扬尘干草。

e. 挤奶用具用前先用冷水冲洗。用后先用冷水洗刷，然后用60～72℃热洗涤剂（5%热碱水）洗涤。再用接近沸点水冲洗，最后使桶底向上，控出桶中余水，晾干备用。

f. 挤奶时先将头一二把奶挤入奶杯内扔掉，然后再向奶桶中挤奶。

g. 如挤出患有乳房炎和其他传染病的牛奶，不得装入健康牛的奶桶中。

3. 机器挤奶

机器挤奶时，奶牛都集中在一个卫生条件较好的挤奶厅内挤奶。

(1) 挤奶厅的主要优点。

①奶牛都集中在一个卫生条件较好的挤奶厅内挤奶，而且牛奶挤出后通过管道直接流入奶缸，中间无污染环节。同时，厅式挤奶清洗效果较好，更能有效地对奶杯内套、奶管壁及奶缸壁等与奶接触的设备进行彻底清洗和消毒。因此，采用厅式挤奶机有利于提高牛奶质量。

②挤奶员大多可站立工作，不用弯腰，比较舒适省力，而且目前挤奶厅的附属设备都已自动化或半自动化，更有利于提高劳动效率。据介绍，采用挤奶厅挤奶每头牛平均仅需35～134秒劳动时间。

③与传统饲养及挤奶设计相比，使用厅式挤奶机不仅节约了建筑费用和占地面积，而且便于饲喂、清粪和挤奶机械化，更便于牛群管理。

(2) 挤奶厅的形式。挤奶厅的形式比较多，分固定式和转动式两种挤奶台；固定式又有平面畜舍挤奶厅、列式挤奶台、鱼骨式挤奶台；转动式因母牛设立的方式有串联式、鱼骨式和放射形等。

①平面畜舍式挤奶厅　挤奶栏位的排列与牛舍相似，奶牛从挤奶厅大门进入厅内的挤奶栏里，由挤奶员套上挤奶器进行挤奶。优点是造价较低，缺点是挤奶员仍需弯腰操作，影响劳动效率。这种挤奶厅一般只适于小型奶牛场，见图7-3。

②串列式挤奶台　在挤奶栏位中间设有挤奶员操作的地坑，坑道深85厘米左右，坑道宽2米。优点是挤奶员不必弯腰操作，流水作业方便，同时，识别牛只容易，乳房无遮挡。缺点是挤奶员行走距离长，每个挤奶员最多只能操纵一排4个牛位，适于泌奶牛100头以下规模的牛场，如图7-4所示。

③转盘式挤奶台　利用可转动的环形挤奶台进行挤奶流水作业。其优点是奶牛鱼贯进入挤奶厅，挤奶员在人口处冲洗乳房，套奶杯，不必来回走动，操作方便，每转一圈7～10分钟，转到

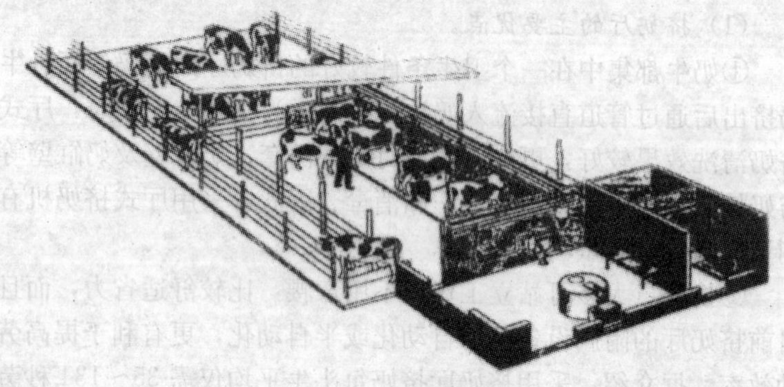

图 7-3 平面畜舍式挤奶厅

图 7-4 串列式挤奶厅

出口处已挤完奶，劳动效率高，适于较大规模奶牛场。目前主要有鱼骨式转盘挤奶台和并列式转盘挤奶台（图 7-5）。但设备造价高，目前在我国还难以大面积推广。

④鱼骨式挤奶台 挤奶台两排挤奶机的排列形状如鱼骨而得名。这种挤奶台栏位一般按倾斜 30°设计，这样就使得牛的乳房部位更接近挤奶员，有利于挤奶操作，减少走动距离，提高劳动效率。同时，基建投资低于串列式，在生产上用得比较普遍。一般适于中等规模的奶牛场，栏位根据需要可从 1×3 至 2×16。鱼骨式挤奶厅棚高一般不低于 2.45 米，中间设有挤奶员操作的

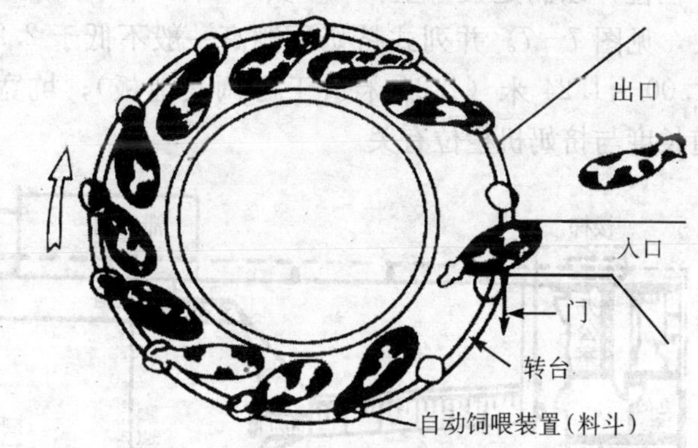

图 7-5 并列式转盘挤奶台

坑道，坑道深 85 厘米～1.07 米（1.07 米适于可调式地板）；坑宽 2.00～2.30 米；坑道长度与挤奶机栏位有关。目前有一种鱼骨式全开放型挤奶厅（图 7-6），适合于泌乳奶牛 100 头以上中、大规模的奶牛场，根据需要可安排 2×8 至 2×24 栏位，其特点是全开放，使牛快速离开栏位，高效省时，缺点是占地面积较多。

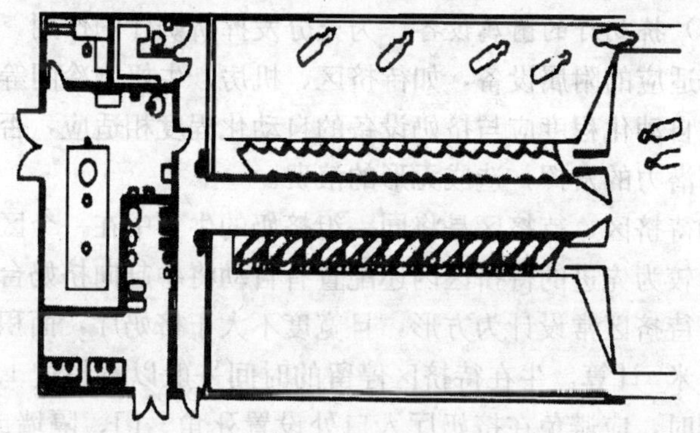

图 7-6 鱼骨式全开放型挤奶厅

⑤并列式挤奶台　这种挤奶台操作距离短，挤奶员最安全，环境干净，但奶牛乳房的可视程度较差，根据需要可安排1×4

至2×24栏位，以满足大（至2 000头）、中、小不同规模奶牛场的需要，见图7-7。并列式挤奶厅棚高一般不低于2.20米。坑道深1.00～1.24米（1.24米适于可调式地板）；坑宽2.60米；坑道长度与挤奶机栏位有关。

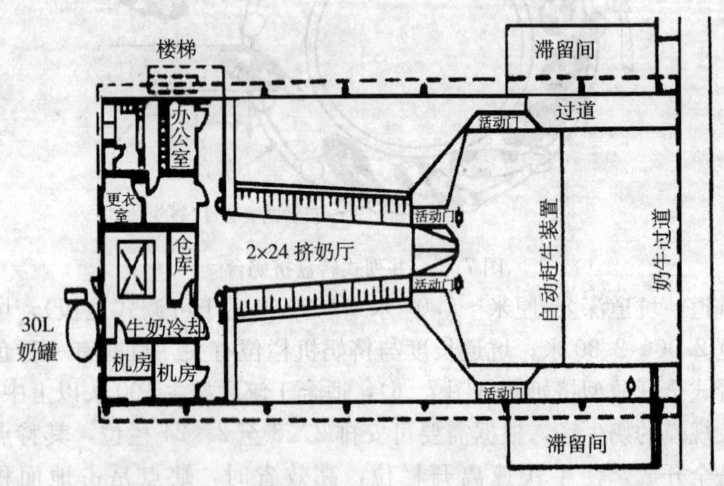

图7-7　并列式挤奶台

（3）挤奶厅的附属设备。为充分发挥挤奶厅的作用，应配备与之相适应的附属设备，如待挤区、机房、牛奶制冷间等。这些设备的自动化程度应与挤奶设备的自动化程度相适应，否则将影响设备潜力的发挥，造成无形的浪费。

①待挤区　待挤区是将同一组挤奶的牛集中在一个区内等待挤奶，较为先进的待挤区内还配置有自动将牛赶向挤奶台集中的装置。待挤区常设计为方形，且宽度不大于挤奶厅，面积按每头牛1.6米^{2}计算。牛在待挤区停留的时间一般以不超过1小时为宜。同时，应避免在挤奶厅入口处设置死角、门、隔墙或台阶、斜坡，以免造成牛只阻塞。待挤区的地面要易清洁、防滑、浅色、环境明亮、通风良好，且有3%～5%的坡度（由低到高至挤奶厅入口）。

②滞留栏　采用散栏式饲养，由于牛无拴系，如需进行剪毛、修蹄、配种、治疗等，均须将牛牵至固定架或处理间，但此时往往不太容易将牛只牵离牛群，所以多在挤奶厅出口通往牛舍的走道旁设一滞留栏，栅门由挤奶员控制。在挤奶过程中，如发现有需进行治疗或需进行配种的牛，则在挤完奶放牛离开挤奶台，走近滞留栏时，将栅门开放，挡住返回牛舍的走道，将牛导入滞留栏。目前最为先进的挤奶台配有牛只自动分隔门，由电脑控制，在牛离开挤奶台后，自动识别，及时将门转换，把牛导入滞留栏，进行配种、治疗等。

③附属用房　在挤奶台旁通常设有机房、牛奶制冷间、更衣室、卫生间等。

（4）挤奶机的构造和工作原理。挤奶机系由真空泵和挤奶器两大部分组成。前者主要包括真空泵、电动机、真空罐、真空调节器、真空压力表等；后者由挤奶桶、搏动器（或脉动器）、集乳器、挤奶杯和一些导管及橡皮管所组成。每套挤奶机包括8～10副挤奶器，足供100～120头母牛挤奶之用。新式的管道式挤奶机，没有挤奶桶，乳汁由挤奶杯通过挤乳器，由管道直接流入贮奶罐，与外界完全隔绝；且能根据乳流自动调节挤奶杯的真空压力，挤净后可自动脱落，不致“放空车”。贮奶罐由不锈钢制成，罐为夹层，内有蛇形管，通以氟里昂20号等冷冻剂，罐内有电动搅拌器两个，可使牛奶温度迅速降到2～3℃。

挤奶机有二节拍和三节拍式两种。我国在20世纪50年代初期，各地多采用三节拍式，现则多采用二节拍式。其工作原理如图7-8所示。

①二节拍式　所谓二节拍，就是挤奶机在开动时，在一次搏动中产生两个节拍。第一节拍是吸吮节拍，这时在乳头室和壁间室内都是真空，橡皮套处在正常状态。由于乳头内的乳头管和乳头室之间的压力差，使乳头括约肌开放，牛奶被吸入乳头室，然后由此流入奶桶（或贮物罐）。

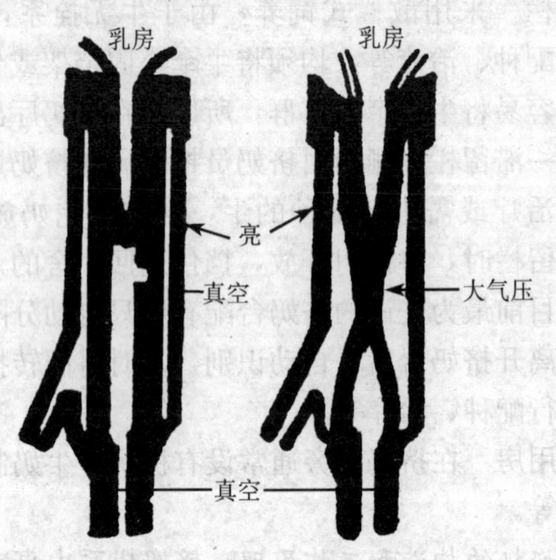

图 7-8　挤奶杯工作原理

第二节拍是压挤节拍，这时乳头室仍处于真空状态，而在壁间室内却进入了空气，这时橡皮套由于两室之间的压力差而被压缩，括约肌关闭，牛奶停止流出。压挤节拍的目的是用压挤的方法来按摩乳头，以恢复在吸吮节拍时被阻抑的乳头上的血液流通。

二节拍挤奶机的脉动频率一般为 48～60 次/分钟。在一个脉动时间内，吸吮节拍和压挤节拍的比例是 1∶1，也可调为 2∶8 或 3∶7 或 4∶6 的。

用二节拍挤奶机挤奶时，乳头下面始终是真空，使乳嘴（即乳杯）会逐渐碰到乳头和乳房，在挤了 3～4 分钟之后，虽然牛奶还没有挤净，但是由于乳头和乳房的沟通受到阻塞，因而停止了排乳，容易产生牛奶不易挤尽的缺点。但由于没有休息节拍，因此挤奶的速度比三节拍式快。

二节拍挤奶机当内套管里和内套管外壳之间都是真空时，奶就会从乳头管被吸出来，当挤奶杯内套管里真空，而内套管与外壳之间不是真空时，乳头停止排乳而呈休息状态。正常工作时，

内套管是保持真空的，而内套管与外壳之间由于受脉动器的控制，时而真空，时而充有空气。

②三节拍式　三节拍式挤奶机除了吸吮和压挤两个节拍以外，还增加了第三个节拍，即休息节拍。这就易于消除二节拍式挤奶机所产生的缺点，但挤奶的速度较慢。在一次脉动中三个节拍所占的时间大致是：吸吮节拍45%，压挤节拍15%，休息节拍40%。

（5）挤奶机的操作过程。同手工挤奶一样，挤奶前也应先以热水（50～55℃）擦洗和按摩乳房。打开电闸，接通电源，使电动机转动。调节真空压力表，使真空接近30～35厘米，一般不能超过40厘米。然后将粗橡皮管接在导管的开关上，打开开关。这时，一手紧握挤奶杯的通乳管，另一手打开挤奶桶盖上的开关，从较远的一侧依次把挤奶杯套在乳头上。脉动器的搏动频率一般调节到50～60次/分钟。在挤奶过程中，可通过挤乳器上的窥视玻管观察乳流情况，如无乳流通过时，即应关闭挤乳桶上的开关或导管上的开关，轻轻取下挤奶杯，挂在挤奶桶盖上。新式的挤奶杯根据乳流情况能自动脱落。

每次挤完奶后，应将奶桶及与奶接触的有关部件拆卸清洗，先用冷水冲洗，再用85℃热水洗。方法是接上总管（粗橡皮管），打开导管上的开关，倒转集乳器，使挤奶杯浸入水中，然后打开挤奶桶盖上的开关，使水吸到挤奶桶中，洗涤挤奶杯和通乳管后再洗涤桶盖和桶壁。洗毕再用热水照样洗涤，然后将挤乳器挂在架子上晾干。

根据安徽省合肥奶牛场的经验，正确的机械化操作，主要应按下列程序进行。

①先挤三把奶　挤奶开始时，先从每个乳区挤出三把奶于黑色的检查平板上或固定在大杯子口上的带滤网的黑色检查板上，检查是否有奶块，并观察奶颜色的变化，判断该乳区的健康情况。头几把奶主要是乳池中的奶，往往含有很多的细菌。在挤奶

期间细菌从乳头孔进入乳池并在那里以牛奶为营养大量繁殖。这头三把奶不能挤入大量的优质牛奶中，也不能挤弃于地上或牛床上，以免细菌从乳头孔侵入而感染健康乳区。此外，头三把奶中往往含有残留的乳头浸泡液。

②清洗与按摩乳房

清洗乳房　在挤完三把奶之后就要清洗乳房。切不可先洗乳房再挤三把奶。因为这样会使含菌少的奶与乳头乳池中含菌多的奶相混，并上升到乳房的上部，对乳房健康构成威胁，同时也提高了商品奶中的细菌数。对很脏的乳房要用大量的清水洗净擦干，然后用温热水洗擦乳房。在挤奶厅内可用乳房喷头喷水冲洗。对擦洗乳房的毛巾要用放有消毒剂的温水清洗后晒干。

按摩乳房　在挤三把奶和清洗乳房之后，乳头和乳房尚未饱满、绷紧，表明还没有完全形成排乳反射，那就必须继续按摩乳房，直至排乳反射完全形成为止。在乳房和乳头的皮肤上有许多压力和触觉感受器，把按摩形成的兴奋经神经传导到脑部，由脑垂体分泌催产素，随血液循环作用到乳房内乳腺泡周围的肌细胞上，使之收缩挤压乳腺泡，将其内含乳汁经输乳导管排入乳池。

③套奶杯　当排乳反射形成后，要尽快套上奶杯实施挤奶，否则，从乳腺泡中往乳池排奶就会减缓或中断。催产素的作用时间通常维持 7～8 分钟，如果套奶杯不及时，就缩短了挤奶时催产素的作用时间，乳房内的残留奶就多。故一般要求从挤三把奶开始到将近 1 分钟时套奶杯，因为血液中催产素的浓度此时已上升到顶峰。

套杯的顺序是，从左手对面的乳区开始顺时针方向依次套杯，这样既方便也安全。套杯时要避免进气；套杯前不要向乳头上涂挤奶膏或牛奶，以免奶杯提前或容易向上爬，封住了从乳腺池到乳头的通道，使残留奶增多；套奶杯后要检查奶爪悬挂得是否正常，下奶是否流畅，否则会出现乳头在奶杯中扭伤或挤不净奶的可能。

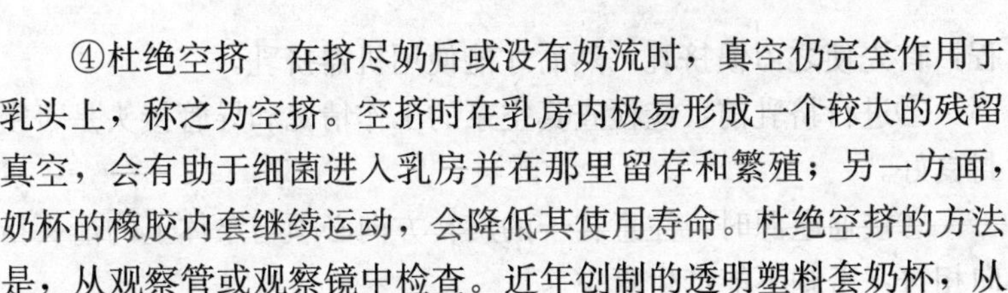

④杜绝空挤　在挤尽奶后或没有奶流时，真空仍完全作用于乳头上，称之为空挤。空挤时在乳房内极易形成一个较大的残留真空，会有助于细菌进入乳房并在那里留存和繁殖；另一方面，奶杯的橡胶内套继续运动，会降低其使用寿命。杜绝空挤的方法是，从观察管或观察镜中检查。近年创制的透明塑料套奶杯，从外面就可清楚地看见杯内乳流情况。

⑤挤尽奶汁　当从观察管（镜）看已没有奶流出时，还要用手摸一摸乳房，检查是否还有奶。一般情况下，总还能挤出奶来。因为乳房总有不同程度地向前倾斜，使乳头也不同程度地指向前下方，当在奶爪的重力作用下乳头垂直向下，当乳房内奶量少到一定量时，乳房内的奶流向乳头受阻。此时挤奶有必要将一手按在奶爪的中心，向下略向前施压，且可任意向四个乳区产生作用；另一手再按摩乳房，并从不同方向赶奶。如果残留奶较多，就要检查一下奶杯的橡胶内套和真空度。橡胶内套老化、失去弹性、破损等或真空度过高（超过50千帕）都可使残留奶增多。残留奶还与乳房的健康状况、挤奶员的经验和责任心有关。

⑥卸奶杯　当挤净奶之后要立即卸奶杯，防止空挤，严禁硬拉。具体操作是：

关闭通往奶爪的真空；

稍等片刻，直到奶杯乳头室内的负压降低；

将4个奶杯同时卸下落入手腕或手掌上；

将4个奶杯的头部都朝下，再迅速开闭几次真空开关，把残留在奶杯和奶管中的奶吸进挤奶管奶桶。

⑦消毒乳头　卸下奶杯后应立即用药液浸乳头，可杀死或抑制乳头顶端和乳头孔内的细菌。乳房在卸下奶杯后的短暂时间内或多或少仍有残留真空，可吸入少量消毒液，并保留在乳头孔内，阻止外界细菌的侵入。

（6）挤乳机使用时的注意事项。

①对于初次使用机器挤乳的初产母牛，要经过一个训练过

程，首先使之习惯挤乳，然后才能使用机器挤乳。

②进行挤乳前，应检查真空泵的工作情况和导管接头是否密封良好。

③接通电源时，注意转子的旋转方向必须与泵体上的箭头指向相符，否则不能产生真空。

④针阀油杯中应经常注满机油，按每分钟两滴油的供油速度调节供油量，真空泵开始工作时可从油杯玻璃视孔中观察滴油情况，要严防因缺油而损坏机件。

⑤挤乳时一般需要真空度为46.66～50.66千帕。挤乳前应做好调节，工作中要注意真空度的变化，必要时随时进行调节。

⑥挤乳完毕，停止使用真空泵。关闭动力机油门或切断电源前，必须提前用手将真空调节器外罩向下按，使大气通入泵体，避免转子反向旋转。

⑦贮气箱下面装有放油开关，泵在使用完毕后，必须打开油开关，但使用前要关闭。

（7）挤乳机的技术保养。

①挤乳机的保养　每次挤乳毕，应及时清洗牛乳经过的所在部件，清洗方法是：先用清水冲洗，然后放入热洗涤剂（温度70℃，含1%碱）内，用毛刷进行洗涤，最后用80℃的热水清洗干净，晾干备用。

乳杯内的橡皮套应拆出清洗，但要防止因水温过高而变形，同时要检查橡皮套是否完好不漏，发现有漏气现象，应立即更换。

集孔器经过清洗后，在装配时应检查橡皮垫圈是否完好，四壁上的孔是否与大气畅通。

乳罐盖上的玻璃视管和进孔开关，在清洗过程中要小心轻放，避免损坏，装配后不得漏气。

脉动器和真空软管每周拆洗一次，并检查脉动器的橡皮薄膜

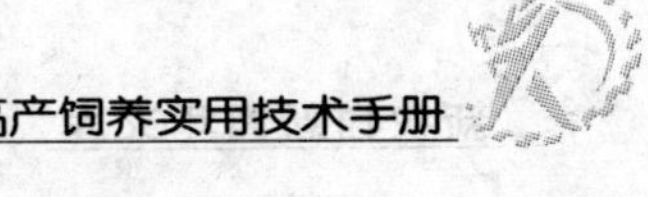

是否完好，器壁上的小孔是否与大气畅通。装配好以后，按照40～70次/秒的脉动频率调节好，以备使用。

②真空泵及其空管道的保养　真空泵顶部的针阀油杯应保持清洁，油道畅通，定期进行清洗。

电动机和泵体两端轴承装配出厂时已装润滑油，使用一年后，进行一次保养，更换润滑油。

真空泵使用一年后，应进行一次全面拆洗检查。当叶片磨损到宽度小于29毫米时，要更换新片。每工作300小时后，要清除空气滤清器筒内和滤芯外层上的灰尘杂物。

贮气箱可打开排污阀，定期进行清洗，清除箱内污垢，保持清洁。

真空管道应经常保持清洁，一般要求半年清洗一次。清洗时可打开一端的排污气阀，通入清水从另一端的排污气阀流出。

（8）挤乳机的故障及排除方法。挤乳机的故障及排除方法见表7-1。

表7-1　挤乳机的故障排除方法

故障原因	排除方法
1. 真空时乳罐盖吸不住	
（1）真空导管漏气	（1）检查导管并排除
（2）乳罐口与乳罐盖密封不严	（2）检查乳罐口与罐盖扣合是否平整，然后安放橡皮胶垫圈
（3）乳罐盖上玻璃视管两端漏气	（3）磨平玻璃视管两端端面，装上垫圈，再用螺母压紧
2. 脉动器无节拍或工作不正常	
（1）真空气阀未开	（1）打开真空气阀
（2）脉动器调节螺钉拧到底或间隙不当	（2）拧松调节螺钉，按每分钟40～70次的脉动频率调节
（3）脉动气盖与器体装配位置歪斜而漏气	（3）正确装配脉动器盖，并用毛刷或通针畅通器壁上的气孔
（4）脉动器橡皮薄膜损坏	（4）更换橡皮薄膜
（5）脉动器阀门无间隙或间隙不当	（5）调节压紧螺母使阀门上下运动间隙为0.3～0.5毫米

（续）

故障原因	排除方法
3. 套上乳杯后脉动器工作不正常	
(1) 乳杯内的橡皮套破裂，大量空气漏入	(1) 更换新橡皮套
(2) 橡皮套与接管连接松脱	(2) 重新装配好
4. 集乳器工作不正常	
(1) 装配不正确，相对位置歪斜而漏气	(1) 重新装配好
(2) 阀门杆下部未装橡皮阀门	(2) 在阀门杆下部装上橡皮阀门
(3) 集乳器橡皮垫圈损坏	(3) 更换新橡皮垫圈
(4) 集乳器体壁上的通气孔堵塞	(4) 用毛刷或通针畅通气孔
5. 进乳速度缓慢	
(1) 放乳开关未全开	(1) 检查后，开关全开
(2) 真空气阀未全开	(2) 检查后，气阀全开
6. 真空表不动或摇摆不定	
(1) 真空泵转子旋转方向错误	(1) 电动机变动接线，按泵体所示方向旋转
(2) 真空表损坏	(2) 更换新表
(3) 真空时排污阀未关闭或关闭不严	(3) 检修贮气箱或真空导管的一端或两端的排污阀门
7. 泵体内有不正常的噪声	
(1) 叶片与泵体缸壁间缺油而发生干摩擦	(1) 从针阀油杯玻璃视孔中观察油滴情况，适当地调节
(2) 叶片损坏	(2) 更换新片
8. 泵体过热，以致出现转子卡死现象	
(1) 泵体内断油	(1) 检修针阀油杯，疏通油道，重新调整供油量
(2) 因泵体两端轴承盖螺栓松动转子发生了相对位移	(2) 检修后，按规定端面间隙进行调整，并拧紧轴承盖上的螺栓

（四）牛奶生产过程中的危害分析和关键控制点（HACCP）

危害（hazard）指能对消费者的健康造成不可接受的影响的危害因素。

危害分析（hazard analysis，HA）指对食品、原料及其

生产过程中的危害性和严重性做分析的评估。

关键控制点（critical control point，CCP）指所有关键的影响产品生物性、化学性或物理性的危险性生产步骤或程序，危害分析和关键控制点（HACCP）是一种基于预防为主的食品安全管理控制体系，是目前国际上广泛推行的一种质量监控方法。HACCP 对整个食品链，即食品原料的生产、食品加工、流通和消费过程中存在和潜在的危害进行分析，找出对产品安全影响的关键控制点，并采取相应的措施，在危害发生前就控制它，从而使食品达到较高的食用安全性。

乳制品的原料——鲜奶生产过程中可能产生污染并危害人体健康。鲜奶生产过程中可能的危害是生物性因素，因为牛乳是微生物良好的培养基。

鲜奶生产过程中微生物污染的主要来源有牛体本身、挤奶过程、牛奶贮存与运输过程、从业人员的卫生状况这四个方面，其关键控制点应确立在这四个方面。

1. 鲜奶生产中 CCP 的实施措施

牛体本身 CCP 的控制措施：按时对奶牛进行检疫、预防接种、控制和预防乳房炎，清洗牛体，保持牛体清洁卫生。

2. 挤奶过程 CCP 的控制措施

挤奶前对乳头、乳房清洗消毒，挤奶时废弃前三把奶，挤奶后对乳头进行药浴，推广管道式挤奶机，采用小口奶桶挤奶，保持乳桶清洁干净，及时过滤，除去乳中杂质，机器挤奶应在挤奶前将全部挤奶器拆洗消毒后方可使用，并预防乳房受机器损伤，造成感染。

3. 贮存及运输过程中 CCP 的控制措施

挤奶后应迅速将鲜奶温度降至 4℃左右；运输过程中要防止乳温升高，寒冷季节应防止乳桶破裂造成污染。

★ **4. 从业人员 CCP 的控制措施**

饲养员及挤奶员要定期做健康检查，患有皮肤病和传染病时应调离工作岗位，监督从业人员的个人卫生，并减少手与牛奶的直接接触。

图书在版编目（CIP）数据

奶牛高产饲养实用技术手册/共青团中央青农部组编；昝林森主编．—北京：中国农业出版社，2007.1
（新农村新青年文库）
ISBN 978-7-109-11414-2

Ⅰ．奶…　Ⅱ．①共…②昝…　Ⅲ．乳牛－饲养管理－技术手册　Ⅳ．S823.9-62

中国版本图书馆 CIP 数据核字（2006）第 159001 号

中国农业出版社
农村读物出版社 出版
（北京市朝阳区农展馆北路 2 号）
（邮政编码 100026）
责任编辑　张志　刘博浩

中国农业出版社印刷厂印刷　　新华书店北京发行所发行
2007 年 1 月第 1 版　　2007 年 1 月北京第 1 次印刷

开本：850mm×1168mm　1/32　　印张：6.25　　插页：2
字数：152 千字
定价：9.50 元